개정판

수학 교육 공학

Mathematics Education Technology

김인경 지음

KYOWOO

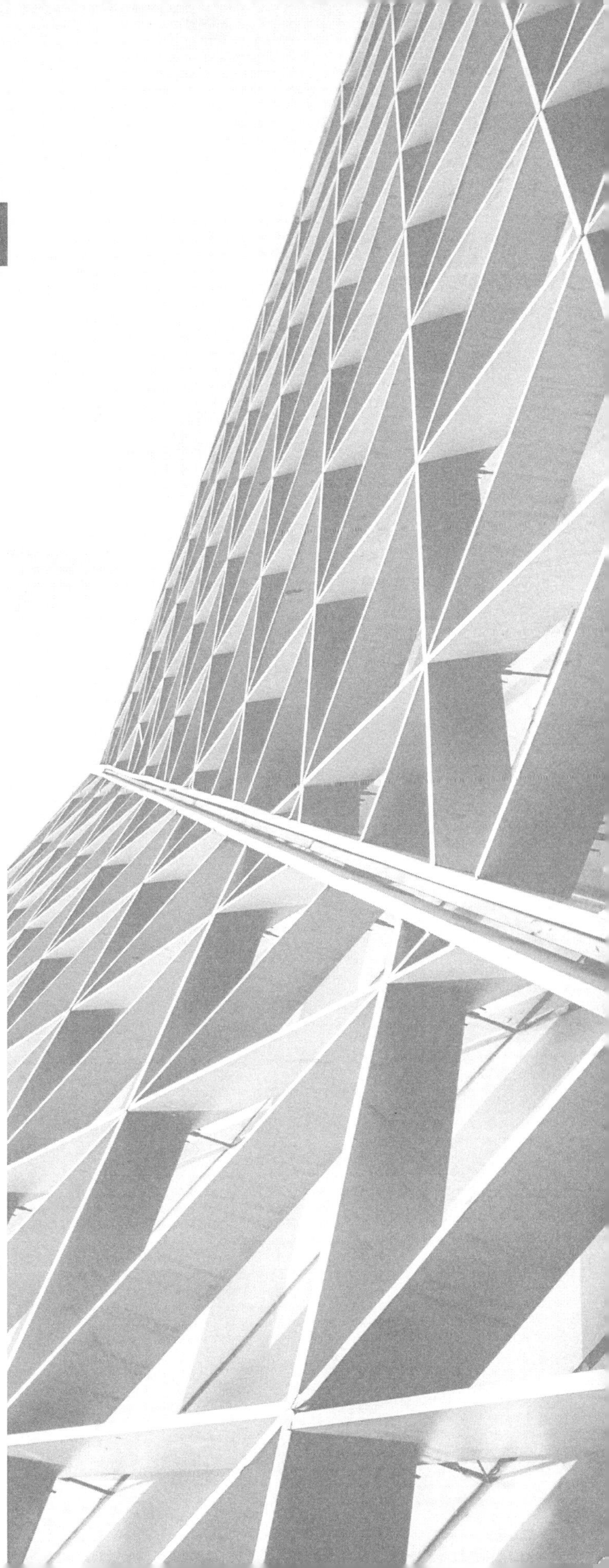

P·R·E·F·A·C·E

저자서문

세상이 빠르게 변해감에 따라 그 시대를 살아갈 학생들을 위해서 교육도 같이 따라 변해야한다. 4차 산업을 강조하고 있는 요즈음, 그 시대를 살아갈 학생들을 위해 여러 교과목에서 기술공학을 도입하여 교육을 시행하고 있다. 수학은 모든 과학의 기초 학문으로써 더욱 중요성이 강조되고 있다. 뿐만 아니라, 수학에서도 기술공학의 중요성이 강조되고 있다. 그리하여, 수학교육에서의 기술공학을 도입해야할 필요성, 관련 이론, 활용 방법 등을 살펴보았다.

I장에서는 우리나라 수학과 교육과정에서 기술공학이 어떻게 제시되어 언급되었는지 살펴보았다. 그리고 기술공학을 어떻게 도입하여 활용해야하는지에 대한 설명을 제시하였다. 뿐만 아니라, 현재 수학교육의 선두 주자라고 할 수 있는 미국 NCTM이 제시한 수학과 교육과정에서 등장하는 기술공학적인 측면들을 살펴보았다. II장에서는 수학교육공학에서 중요하게 다루어지고 있는 이론인 흰 상자-검은 상자 이론, 대상 이해와 과정 이해, 도구 발생에 관련된 이론들을 살펴보았다. 그리고 III장에서는 중요한 수학학습심리학의 이론을 살펴보고, 그 이론들이 수학교육공학에 어떻게 적용되고 발현될 수 있는지 살펴보았다. 마지막 장인 IV장에서는 수학교육공학에서 사용되고 있는 컴퓨터용 소프트웨어, 계산기들을 살펴보고, 그의 장단점, 활용방안 등을 제시하였다.

한동안 낱개의 자료들을 모아서 교재로 사용되어오던 것을 모아서 이렇게 책을 낼 수 있게 되어서 기쁘게 생각한다. 현재 시중에 많은 수학교육공학 관련 교재들이 나와 있기는 하지만, 사범대 학생들을 위해 수학교육공학적인 측면에서 이론과 실제의 전반적으로 다루기보다는 이론이면 이론, 실제면 실제, 또는 둘 다 다루어도 일부분적인 측면만 다루어 제시한 것으로 보인다. 또는 모두 다루어도 우리의 교육과정에서 어떻게 쓸 수 있는지에 대한 세부적인 설명이 부족한 것으로 보였다. 본 교재는 부족하지만 이러한 전반적인 부분을 다루고자 노력하였다. 허나, 각 수학 내용 영역에

저자서문 P·R·E·F·A·C·E

해당하는 여러 종류의 소프트웨어나 계산기를 다양하게 다루는 부분을 첨부하지 못한 것이 아쉽다. 각 수학 내용 영역별로 한 가지 대표적인 것을 다루었으며, 그 외의 것들은 간단히 언급만 하거나 짧은 설명을 첨부하였다.

우암산 자락에서 저자

C·O·N·T·E·N·T·S 목 차

목 차 C·O·N·T·E·N·T·S

CHAPTER I

수학과 교육과정에서 기술공학의 활용

현대 사회에서 기술공학은 하루가 다르게 발전하고 있다. 수학 역시 양적으로, 질적으로 폭발적 성장을 하고 있다. 그러므로 수학교육은 이러한 시대적 상황과 수학적 상황을 고려하지 않을 수 없다. 이러한 여러 가지 상황이 수학교육에 기술공학을 도입하는 상황에까지 이르게 한 것이다. 그리하여, 기술공학이 수학교육에 들어옴으로써 가져오는 변화들을 살펴볼 것이다. 수학은 우리의 경험 세계를 해석하고 이해하는 수단이다. 이 수단은 개인적 수학적인 사고와 다른 사람들과의 의사소통을 통해 만들어진 인간 활동의 산물이다. 학교수학은 이러한 수학의 특성을 의미 있게 반영해야 한다. 학생들의 경험세계와 관련된 상황과 연계해서 수학적 개념을 탐구하고 발명하는 기회를 제공함으로써 수학 개념에 대한 이해를 풍부히 해야 하고 그 과정에서 수학의 유용성을 경험하게 해야 한다(류희찬, 2004a). 여기서 언급된 가장 큰 두 가지 측면, 의사소통과 수학적 유용성을 기술공학과 관련하여 살펴보자.

컴퓨터나 계산기는 수학적 아이디어를 말하고, 쓰고, 설명하고, 시각적으로 표현하는데 좀 더 풍부한 환경을 제공할 수 있다. 컴퓨터나 계산기에서 나타난 것을 이해하고 해석할 수 있다면 좀 더 의사소통하는 능력이 길러질 것이다(김인경, 2005). 뿐만 아니라, 최근 소프트웨어의 발달은 수학교육의 문제를 해결할 수 있는 대안을 제시하고 있다. 컴퓨터상에서 실제 상황과 유사한 사이버 환경을 구축하고, 상황과 수학적 표현 사이의 연결, 수학적 표현들 사이의 연결을 함으로써, 학생들이 이를 이용하여 사고실험 활동을 하고 수학을 발견 또는 재발명하는 경험을 할 수 있으며, 학생들은 수학적 개념을 이해하고 실제상황에서 수학이 유용하다는 사실을 인식할 수 있을 것이다(류희찬, 2004a).

그 외에도 기술공학, 컴퓨터와 계산기를 도입했을 때의 장점은 많다. 컴퓨터 활용이 수학 학습에 주는 교육적 장점은 첫째, 구체적 사고와 추상적 사고의 연결, 둘째, 사고력 중심의 수학교육 추구, 셋째, 수학교육의 학습 원리 구현, 넷째, 추론과 증명을 위한 직관적 탐구 활동 제공을 들 수 있다(김남희, 박경미, 2008). 이러한 기술공학을 체계적으로 교육과정에 도입했을 때 다음의 기회를 제공받을 수 있다.

- 주제에 맞는 새로운 교수법을 설계하기
- 수학의 적용을 실행하고 모델링에 있어서 더 효과적인 학습하기
- 더 접근 가능한 진보된 수학 주제 만들기
- 특별한 수학의 조각-문제해결 전략이라든가 증명의 개념-에 대하여 학습자에게 대안적인 접근 사고를 제공하기

기술공학을 수학과 교육과정에 도입했을 때, 교육과정에서 생길 수 있는 변화는 크게 두 가지로 살펴볼 수 있다. 이는 수학교육 내용상의 변화와 수학교육 방법상의 변화이다. 수학교육 내용상의 변화에도 두 가지가 있다(황혜정, 나귀수, 최승현, 박경미, 임재훈, 서동엽, 2016). 첫째, 의도된 내용상의 변화로서, 공학적 도구로 인해 새롭게 부각된 전문 수학의 내용, 예컨대 이산수학이나 수치해석 같은 분야를 국가 수준의 수학교육과정에 도입함으로써 생기는 변화이다. 전문 수학의 영향을 받고 있는 즉, 전문 수학의 내용을 어느 정도 반영할 수밖에 없는 학교수학 또한 컴퓨터의 영향으로 인해 그 내용이 바뀔 수밖에 없다. 둘째, 수학교육용 컴퓨터 소프트웨어를 개

발할 때나 개발된 프로그램을 실제로 활용할 때 수학교육의 내용이나 성격이 의도되지 않은 곳에서 변할 수 있다는 것이다. 이러한 변화는 프로그램을 개발하는 사람이나 그것을 활용하는 사람의 수학교육 철학에 의해 다소 임의로 결정되는 내용상의 변화로서, 그 변화를 어느 정도까지 허용할 수 있는가에 대한 수학교육 관련자들의 논의가 충분히 이루어지지 않은 것이다. 다만, 위의 첫 번째 경로에 의한 내용상의 변화가 수학교육 내용상의 변화를 적극적으로, 의도적으로 추구하는 과정에서 초래된 변화인 만큼 그 위험성이 미미한 반면에, 두 번째 경로에 의한 변화는 수학교육 방법상의 변화를 추구하는 과정에서 부지불식간에 무의식적으로 내지는 무의도적으로 내용을 변화시킴으로 인해 가르치고자 하는 수학 지식의 본질을 왜곡할 위험성이 상당히 높다고 할 수 있다. 컴퓨터를 포함한 공학적 도구가 수학교육의 목적 추구에 있어 방법론적 측면에서 기여할 수 있는 측면은 크게 네 가지 관점이 있다. 이는 수학과 학생들의 실제 경험의 연결, 수학적 대상과 수학적 관계의 구체화, 수학의 다양한 표현 체계의 연결, 사고력 중심의 수학교육 추구이다. 이 외에도 기술공학이 도입되었을 때 수학교육에서의 방법상의 변화에는 다양한 측면에서 살펴볼 수 있다. 이는 크게 교수적인 측면에서 변화와 학습의 측면에서 변화가 있을 것이다. 교수적인 측면에서의 변화는 기존의 기술공학의 초기 도입에서도 수업에서 도입되고 있었고, 앞으로도 다양한 방법으로 도입되어 수업의 도입, 전개, 정리 상황에서 다양하게 사용될 수 있을 것이다. 기술공학이 발달되고 다양한 방법으로 교수에 도입되면서, 학습에서의 변화가 많이 일어났다. 기존에는 학생들이 단지 교수자의 기술공학 시연에 집중하고 있었다면, 현재는 학생들이 기술공학, 즉, 컴퓨터와 계산기 등을 직접 다루어 보고, 탐구, 응용하는 데까지 이르게 된 것이다.

1 우리나라 수학과 교육과정에서 기술공학의 활용

우리나라 수학과 교육과정에서 등장하는 기술공학 관련 내용을 살펴보자. 처음으로 우리나라 교육과정과 수학과 교육과정에서 기술공학이 언급된 것은 제7차 수학과 교육과정부터이다. 교육인적자원부에서는 제7차 교육과정을 통하여 중등수학교육에서 "컴퓨터나 계산기를 수학교육에 적극 활용"(교육인적자원부, 2000)하도록 권고하였고, 2007 개정교육과정에서 교수·학습 방법으로 기술공학, 더 넓게는 교육기자재의 활용에 대하여 다음과 같이 명시하고 있다(교육인적자원부, 2006; 김남희 외, 2008, 재인용).

> **■ 수학 교수 · 학습 과정에서 교육기자재의 활용은 다음 사항에 유의한다.**
>
> (1) 교수·학습의 전 과정을 통하여 적절하고 다양한 교육기자재를 수단으로 활용하여 수학 학습의 효과를 높이도록 한다.
>
> (2) 계산 능력 배양을 목표로 하지 않는 경우의 복잡한 계산 수행, 수학적 개념·원리·법칙의 이해, 문제해결력 향상 등을 위하여 계산기, 컴퓨터, 교육용 소프트웨어 등의 공학적 도구와 다양한 교구를 확보하여 활용할 수 있다.

제7차 수학과 교육과정과 2007 개정 수학과 교육과정의 차이점이라고 한다면 (2)에서 계산기와 컴퓨터만 언급한 제7차 수학과 교육과정과 달리 2007 개정 수학과 교육과정에서는 계산기, 컴퓨터와 더불어 교육용 소프트웨어도 언급하고 있다는 것이다. 또한, 제7차 수학과 교육과정이나 2007 개정 수학과 교육과정은 교육기자재의 활용에 대해 포괄적인 권고를 하고 있는데 반해, 제7차 교육과정 해설서는 교육기자재가 수학 교수·학습에서 성급한 형식화와 수학화 과정을 보완할 수 있다는 점과 더불어 계산기와 컴퓨터 활용의 효용 가치를 구체적으로 설명하고 있다. 특히, 고등학교 교육과정 해설서에는 컴퓨터의 활용을 통해 수학의 유용성과 위력을 느낄 수 있게 하고 수학적 문제해결력을 향상시킬 수 있다는 구체적인 언급과 더불어 그 교육적 효과를 높이기 위해서는 수학교사의 철저한 사전 연구와 준비가 필요함을 강조하고 있다(김남희 외, 2008).

2009 개정 수학과 교육과정에서는 (2)와 내용은 전반적으로 동일하지만, "공학적 도구와 다양한 교구를 확보하여 활용할 수 있다."를 "공학 도구와 다양한 교구를 활용한다."로 제시하고 있다. 그리하여, 2009 개정 수학과 교육과정에서는 2007 개정 수학과 교육과정보다 교수학습 상황에서의 공학 도구와 다양한 교구 사용은 좀 더 강조한 것이라고 볼 수 있을 것이다. 더 나아가 2015 개정 수학과 교육과정에서는 "계산 능력 배양을 목표로 하지 않는 **교수 · 학습 상황**에서의 복잡한 계산 수행, 수학의 개념, 원리, 법칙의 이해, 문제 해결력 향상 등을 위하여 계산기, 컴퓨터, 교육용 소프트웨어 등의 **공학적 도구를 이용할 수 있게 한다**."로 제시하고 있다. 2009 개정 수학과 교육과정에서 '경우'라고 하였던 것을 좀 더 명확하게 '교수 · 학습 상황'으로 제시하였고, '공학 도구와 다양한 교구를 활용한다.'에서 '공학적 도구를 이용할 수 있게 한다.'로 공학적 도구의 의미를 폭넓게 해석한 것이라고 볼 수 있다.

2009 개정 수학과 교육과정과 2015 개정 수학과 교육과정에서 제시하고 있는 공학관련 내용을 좀 더 알아보면 다음과 같다(박만구, 2015).

■ 중학교

매체 및 도구 활용 학습은 학생의 수준과 학습 내용에 적합한 매체와 도구를 활용하여 흥미를 유발하고 학습의 효율성과 다양성을 도모하는 교수·학습 방법으로, 시청각 자료, 멀티미디어나 인터넷 등의 컴퓨터 활용 매체와 교구, 계산기, 교육용 소프트웨어 등의 도구를 이용한다.

■ 고등학교

• 함수의 그래프를 그릴 때, 공학적 도구를 이용할 수 있다.
• 지수나 로그에 관련된 문제를 다룰 때 공학적 도구를 활용할 수 있게 한다.
• 환율과 세금은 간단한 문제를 다루되, 필요한 경우 공학적 도구를 활용할 수 있다.
• 금융상품과 관련된 복잡한 계산은 공학적 도구를 활용할 수 있다.

2015 개정에 따른 수학과 교육과정은 '수학 교과 역량의 구현', '학습 부담 경감 추구', '학습자의 정의적 측면 강조', '실생활 중심의 통계 내용 재구성', '공학적 도구의 활용 강조' 등에 주안점을 두었다. 이 중 '공학적 도구의 활용 강조'는 우리나라 수학 수업의 문제 중의 하나인 수학 내용을 성급하게 형식화, 기호화하는 것을 보안하기 위한 방안 중 하나로 도입하였다(황혜정 외, 2016). 2015 개정 교육과정에서 강조한 사항 중 하나가 교과 핵심역량, 간단히 교과 역량을 교육과정 문서에서 일관성 있게 반영하여 교과 역량 함양을 강조하는 교육과정이 되도록 한 점이다. 이 지침에 따라 수학 교과 역량을 문제해결, 추론, 창의·융합, 의사소통, 정보처리, 태도 및 실천의 6가지 능력으로 설정하였다. 이 중, 정보처리 능력은 '다양한 자료와 정보를 수집·정리·분석·활용하고 적절한 공학적 도구나 교구를 선택·이용하여 자료와 정보를 효과적으로 처리하는 능력'을 의미한다. 2015 개정 수학과 교육과정의 중학교 수학에서는 다음과 같이 성취기준을 진술함으로써 교과서와 수업에서 공학적 도구가 적극적으로 활용되어야함을 명시적으로 강조하였다.

> [9수05-03] 공학적 도구를 이용하여 실생활과 관련된 자료를 수집하고 표나 그래프로 정리하고 해석할 수 있다.

2015 개정 수학과 교육과정의 고등학교 수학에서는 "적절한 공학적 도구나 교구를 선택·이용하여 자료와 정보를 효과적으로 처리하는 능력"을 수학교육에서 강조하고 있음을 알 수 있다(박만구, 2015). 이처럼 성취기준으로 명문화한 것은 실제적인 맥

락을 강조하는 수학 내용을 전개하기 위해서는 복잡한 계산을 공학적 도구로 대치할 필요가 있으며, 세계적인 추세가 공학적 도구의 활용에서 보다 개방적인 방향으로 나아가고 있다는 점을 고려한 것이다(황혜정 외, 2016).

2 미국 수학과 교육과정에서 기술공학의 활용

우리나라는 아직 수학과 교육과정에 기술공학의 사용을 의무화하거나 평가에 도입하여 사용하고 있지는 않다. 하지만 세계 여러 나라에서 기술공학을 수학과 교수·학습과 평가에 의무적으로 도입하여 사용하고 있다. 이는 1980년대 PC(Personal Computer: 개인용 컴퓨터)가 나타나고 보편화 되면서 각 나라의 교육과정에서 도입하게 되었다. 무엇보다 수학교육에서 세계적으로 많이 도입된 계기는 NCTM(National Council of Teachers of Mathematics: 미국수학교사협의회)에서 기술공학의 사용을 강조하면서부터라고 볼 수 있다. NCTM은 1980년 "1980년대 학교 수학을 위한 권고: 행동 강령(An Agenda for Action: Recommendations for School Mathematics of the 1980's)"에서 다음과 같이 주장하고 있다(신동선, 류희찬, 1999).

1. 모든 학생들이 학교 수학수업 시간 중 계산기와 컴퓨터를 이용할 수 있어야 한다.
2. 계산기나 컴퓨터와 같은 기술공학을 이용하는 것이 수학 교육과정의 핵심이 되어야 한다.
3. 계산기와 컴퓨터를 창의적인 방법으로 다양하게 이용할 수 있는 교육자료들이 개발되고 활용되어야 한다.
4. 컴퓨터의 역할과 영향을 이해시킬 수 있는 컴퓨터 소양교육(computer literacy course)이 보통교육의 일환으로 모든 학생들에게 실시되어야 한다.

또한, NCTM은 이 책에서 8가지 제안을 하고 있다. 그 중 세 번째로 '수학 프로그램은 모든 학년에서 계산기와 컴퓨터의 이점을 최대한 활용해야 한다.'고 제시하였다.

특히, 이 제안에 따른 활동으로써 "계산기와 컴퓨터는 수학의 개념을 탐구, 발견하고 개발하기 위해 상상력이 풍부한 방법으로 사용되어져야 하며 단순히 계산값을 검토하거나 실습을 하기 위해서 사용되어져서는 안 된다"고 하였다(권성룡, 김남균, 류성림, 박성선, 2009).

이런 맥락에서 NCTM(1989)은 '학교수학을 위한 교육과정과 평가 규준(Curriculum and Evaluation Standards for School Mathematics)'에서 계산기와 컴퓨터의 사용은 모든 학년의 수학 교육에 통합되어야 한다는 이전의 주장을 다음과 같이 반복하며 강조하였다.

1. 모든 학생은 언제든지 적절한 계산기를 사용할 수 있어야 한다.
2. 모든 교실에서는 시범을 목적으로 한 대 이상의 컴퓨터가 설치되어 있어야 한다.
3. 개별 활동과 집단 활동을 위해 모든 학생들이 컴퓨터와 접촉할 수 있는 기회를 갖도록 해야 한다.
4. 학생들이 문제를 탐구하고 해결하기 위하여 정보를 처리하고 계산하는데 하나의 도구로서 컴퓨터를 사용할 수 있게 해야 한다.

NCTM(1989)에서 각 학년군별로 주장한 내용은 다음과 같다. K-4학년 교육과정은 계산기와 컴퓨터를 계속해서 적절히 사용해야 한다. K-4학년 단계에서 계산기는 수학 학습을 위한 중요한 도구로 받아들여져야 한다. 계산기는 아동들로 하여금 수개념과 패턴을 탐구하며, 중요한 개념 발달을 위한 경험을 하게하며, 문제해결 과정에 초점을 둘 수 있게 하며, 실제적 적용을 탐구하는 것을 가능하게 한다. 계산기의 신중한 사용은 교육과정의 질을 향상시킬 수 있을 뿐만 아니라, 아동의 학습의 질도 향상시킬 수 있다. 컴퓨터의 위력 또한 현행 수학 프로그램에서 이용되어야 한다. 그러한 성격에 있어서 기하적인 컴퓨터 언어는 어린 아동들이 중요한 기하 개념에 친숙해지는 것을 돕는다. 컴퓨터 시뮬레이션은 아동들로 하여금 수학의 중요한 특징을 확인하는데 중요한 도움을 준다. 많은 소프트웨어는 재미있는 문제해결 장면과 응용을 제공한다. 그래서 학교수학 프로그램에 계산기와 컴퓨터를 통합시키는 것은 새롭게 정의된 교육과정의 목적을 충족시키는데 매우 중요하다.

5~8학년의 교육과정에서는 다음 특징을 가져야한다. 계산기, 컴퓨터, 비디오를 포함하는 여러 가지 기술공학이 적절한 때에 사용되어야 한다. 이런 교구는 진부한 계산을 피하게 해주며 대신 문제해결이나 다른 중요한 내용에 집중하도록 한다. 또한, 내용을 탐구하는 새로운 수단을 제공해준다.

9-12학년을 위한 규준은 다음에 주의를 기울이도록 요구한다(Heid, 1995).

- 학생들이 활동적으로 수학적 아이디어들을 구성하고 적용하도록 하는 것
- 교육의 한 목적이자 방법으로 문제해결을 사용하는 것
- 효과적이고 알고 싶어하는 기술들의 사용을 통하여 학생의 상호작용을 증진시키는 것
- 다양한 교육 체계들을 사용하는 것 : 소모둠 활동(소그룹 활동), 개인적인 탐구, 전체 학급 교수, 프로젝트 등
- 수학을 학습하고 활동하기 위한 도구로서 계산기와 컴퓨터를 사용하는 것

교육의 변화하는 패턴의 중심은 기술공학의 증가하는 능력에 있다. 9-12학년을 위한 규준은 학생들이 개인적으로나 그룹활동으로 증명을 하기 위해 이용가능한 그래픽 계산기들과 컴퓨터에 접근할 것이라고 짐작할 수 있다. 이와 관련하여, NCTM(1991)은 '수학 교수를 위한 전문성 규준(Professional Standards for Teaching Mathematics)'에서 수학교사의 전문성 향상을 위한 규준들을 제시하였다. 그 중 수학교사가 담화를 향상시키기 위해 다음 7가지의 사용을 격려하고 수용해야한다고 주장하였다. 그 중 첫 번째가 기술공학의 사용임을 알 수 있다.

- 컴퓨터와 계산기, 그리고 다른 기계
- 그림, 다이어그램, 표, 그래프
- 은유, 유추, 이야기
- 구두 표현과 극으로 표현하기
- 모델로 사용되는 구체물
- 고안해내거나 관습적인 용어와 기호
- 쓰여진 가설, 설명, 논증

뿐만 아니라, NCTM(1991)에서는 계산기 사용과 관련하여 다음과 같이 교육과정과 평가기준을 제시하였다(홍예윤, 2012; 재인용).

- 학생들은 패턴, 수, 대수적 성질과 함수에서 계산기를 활용하도록 한다.
- 추측, 계산, 그래프, 데이터 분석과 같은 기술적인 부분을 강화하고 발전시킨다.
- 문제와 관련된 계산보다는 문제 해결 과정에 중점을 두게 한다.
- 문제 상황에서 현실적인 데이터를 활용하고자 할 때, 지루한 계산을 수행하게 될 때, 계산기를 사용하게 한다.
- 연필과 종이를 사용하는 제한된 지필환경에서 학생들의 수준을 넘어서서 수학적인 생각과 경험에 도달하게 하고자 할 학생들에게 계산기를 사용하게 하도록 한다.

2000년대 들어서서 NCTM(2000)은 "학교수학을 위한 원리와 규준(Principles and Standards for School Mathematics)"에서 학교수학의 원리 6가지를 제시하고 있다. 그 원리는 평등의 원리, 교육과정의 원리, 교수의 원리, 학습의 원리, 평가의 원리, 기술공학의 원리이다. 기술공학의 원리는 '기술공학은 수학을 가르치고 배우는데 필수적인 요소'라는 것이다. 기술공학은 가르쳐야할 수학 내용에 영향을 주며, 학생들의 수학 학습 능력을 높여준다. 기술공학은 수학적 환경을 재구성하며, 학교 수학은 이러한 변화를 반영해야 한다. 그래야, 학생들은 기술공학을 적절히 이용하여 수학을 더 많이 더 깊이 학습할 수 있다. 또한, 교사는 기술공학을 언제 어떻게 사용할 것인지 신중히 결정해야 한다. 뿐만 아니라, '수학 교수 프로그램은 기술공학을 이용하여 모든 학생들이 수학을 이해하는 것을 돕고, 그들이 점점 더 커지는 기술공학의 세계에서 수학을 사용할 수 있도록 준비시켜야 한다(권성룡 외, 2009).'는 것이다. 더 나아가 NCTM(2000)은 모든 교사들이 각 수준별로 다음과 같이 계산기의 사용을 증진시켜야 한다고 강조하였다.

- 다양한 상황에서 계산기 사용의 모델화를 추구한다.
- 계산, 문제 풀이, 개념의 발전, 패턴의 인식, 데이터 분석, 그래프를 그리기 위한 계산기의 사용을 권장한다.
- 수학적인 기술과 개념을 테스트할 때, 계산기를 사용하여 통합시킨다.
- 교수·학습에 계산기의 사용을 적극 지도하기 위해 새로운 방법을 모색하고 발전시킨다.

뿐만 아니라, 컴퓨터는 추상적인 수학적 개념을 구체적인 사고와 연결시켜줄 수 있는 장을 제공해서 형식화된 기호 체계에 의한 대수적 표현을 의미 있게 이해할 수 있게 해준다. 이러한 공학적 도구의 활용은 학교수학의 학습을 위한 보조적인 수단이다.

이러한 바탕에서 CCSSM[1]의 '수학적 실천(mathematical practice)' 규준은 수학교육이 모든 수준에 있는 학생에게서 개발하려고 해야 하는 다양한 전문성을 설명한다. CCSSM에서 제시한 '수학적 실천'의 8가지 규준 중 하나가 바로 수학 학습에서 '적절한 도구를 전략적으로 사용하는 것'이다. 이때 중요한 행동으로는 사용 도구의 장단점을 인식하여 사용하고, 도구를 사용하는 적절한 시기를 결정하는 것이다(김남희, 나귀수, 박경미, 이경화, 정영옥, 2017). 이렇게 미국에서는 다양한 측면에서 기술공학의 사용을 강조하고 있는 것을 알 수 있다. 무엇보다 전체적인 측면뿐만 아니라 세부적인 사항까지 상세히 교수·학습에 적용하는 방안까지 제시하고 있다는 것에 주목해야할 것이다. 또한 미국보다 앞서 호주, 오스트리아에서 교육과

1) 미국의 수학교육과정 규준(Common Core State Standards for Mathematics)의 약칭.

정과 평가에 기술공학을 도입했으며(Schultz, 2003), 프랑스 등 다른 여러 나라에서도 기술공학을 교육과정에 도입하고 있을 뿐만 아니라 평가에까지 도입하고 있다는 측면에서, 우리나라 수학과 교육과정과 평가에도 변화가 필요하다.

CHAPTER II

수학교육공학이론

수학교육공학의 등장 배경 중 하나는 수학교육의 문제점을 해결하는 방안으로 볼 수 있다. Bork(1980; 신동선 외, 1999, 재인용)는 수학교육의 문제점으로 강의중심의 교육과정, 교과서 중심의 획일적인 교육, 문제해결의 능력을 제공하는 자료의 빈약성, 학습진도의 고정화, 지나친 언어중심적 강의 등을 지적하면서 이러한 수학교육과정의 문제를 해결하기 위한 가장 중요한 방법으로 컴퓨터의 활용을 적극 권장하였다. 이러한 문제점을 해결하는 것은 물론, 기술공학은 실험, 관찰, 탐구, 예측, 추론, 시험, 조절 그리고 실제와 비슷한 상태를 수식 등을 만들어 모의적으로 연산을 되풀이하여 그 특성을 파악하는 일을 가능하게 하는 도구가 되었다(이중권, 2015). 그래서, 학생은 이러한 기술공학 도구를 적절히 이용하여 수학과 수학적 응용에 접근이 용이 하고, 더 많은 수학을 깊이 있게 배울 수 있다(권성룡 외, 2009). 인간 정신의 한계를 넘어 지필 환경에서는 불가능한 활동을 가능하게 한다는 관점에서, 기술공학은 '인지적 도구'(Blume & Heid, 2008; 장경윤, 2015, 재인용)라고 볼 수 있기 때문이다. Mason(1992; Burton & Jaworski, 1995, 재인용)은 컴퍼스, 각도기, 소프트웨어와 같은 도구를 이용한 탐구는 아이들에게 그 도구가 그들의 사고를 확장시킬 수 있는 인지적 도구의 형태로 작용한다는 것이다. 학생들은 이 같은 소프트웨어를 가지고 어떤 목적에 적합한 도구로써 사용할 수 있고, 창의적으로 사고하는데 초점을 맞출 수 있을 것이다. 단지 물리적 세계와 유사하거나 반대되는 것뿐만 아니라 정확하고 유연성 있는 수학적 상상의 세계에 대해서도 창의적으로 사고할 수 있을 것이다.

1 기술공학 활용 유형

기술공학을 도구로 활용한다는 것은 교수·학습 도구로 활용하는 것을 말한다(권성룡 외, 2009). 이는 테일러(Taylor, 1980; 권성룡 외, 2009, 재인용)가 컴퓨터를 교수·학습의 도구로 활용하는 영역, 컴퓨터가 교사가 되어 학습자를 가르치고 관리하는 영역, 컴퓨터가 학습자의 역할을 하고 학습자가 교사의 역할을 하여 컴퓨터로 하여금 학습자가 명령하는 것을 수행하는 영역으로 나누고 있는 것 중 일부일 수도 있지만, 세 영역 모두 도구로 사용되는 것이라고도 볼 수 있다. 테일러가 제시한 기술공학 활용 유형을 자세히 살펴보자. 첫 번째, 컴퓨터를 교수·학습의 도구로 활용하는 영역은 보조 도구형이라고도 부른다. 이는 이용 범위가 가장 넓고 현재 가장 활발한 연구가 진행되고 있는 분야라고 할 수 있다. 이 양식은 그래프를 그릴 수 있고 문자 연산이 가능하며 데이터를 분석하고 수학적인 절차를 수행하는 소프트웨어를 사용하는 상황을 말한다(황혜정 외, 2016). 예를 들면, Excel과 같은 스프레드시트를 수학 문제해결 과정에 도구로 사용하는 것이다. 이 때, Excel은 수치를 입력하고 사용자가 만든 공식이나 메뉴에 있는 공식을 이용하여 입력된 수치들을 계산할 수 있기 때문에, 수 패턴을 조사하거나 문제해결 과정에서 얻어진 많은 자료를 신속하게 처리하는데 사용할 수 있다.

두 번째, 컴퓨터가 교사가 되어 학습자를 가르치고 관리하는 영역은 개인교사형이라고도 부른다. 이는 전통적인 교사의 역할을 컴퓨터가 대신하는 양식으로서, 여기에서 컴퓨터는 정교한 교수 기계로 사용된다. 대부분의 컴퓨터 보조학습(CAI: Computer Assistant Instruction)용 소프트웨어가 여기에 속하는데, CAI란 학습 목표에 따라 논리적이고 체계적으로 구성된 학습 과정이 컴퓨터에 의해 제공되는 개별화된 교수 체계를 말한다(황혜정 외, 2016). 컴퓨터 교육은 대체로 컴퓨터에 관한 교육과 컴퓨터를 이용한 교육으로 분류할 수 있다. 컴퓨터에 관한 교육은 컴퓨터의 원리, 조작, 프로그램, 응용분야 등과 같이 컴퓨터에 관한 일반적인 지식을 가르치는 것이고, 컴퓨터를 이용한 교육은 문자 그대로 컴퓨터를 이용하여 학습이 이루어질 수 있는 모든 활동을 포함하며, 이것의 한 영역이 CAI이다. 많은 CAI 프로그램은 피드백 기능을 가지고 있으며 개별적인 학생의 발달과정에 따라 다양한 학습유형을 제공할 수 있어서 교과과정을 풍부하게 하고 학습자의 능력에 따른 학습을 제공할 수 있다. CAI의 형태는 교육목적과 방법에 의해 훈련 및 연습형, 개인지도형, 시범형, 시뮬레이션형, 교수 게임형 등으로 나누고 있다. **훈련 및 연습형**은 CAI의 여러 가지 유형 중 가장 간단한 것이다. 주로 반복연습을 통하여 학습목표를 성취할 수 있도록 짜여진 프로그램으로서 명확히 구분된 하나하나의 기능을 반복하도록 작성된 프로그램이다. **개인 지도형**은 한 교사가 한 학생을 가르치는 상황과 같이 특정의 영역에 관한 지식을 컴퓨터로 하여금 가르칠 수 있도록 프로그램화한 것이다. **시범형**은 수학·과학 교과목에서 사용되는 전통적인 교수방법 중의 하나라고 할 수 있다. 따라서, 교사가 강의 중 특정한 것을 설명하고자 할 때 사용하는 프로그램으로서 투시도나 슬라이드 또는 영화의 역할과 유사한 것으로 볼 수 있다(신동선 외, 1999). 컴퓨터 보조학습이 전통적인 수업방식보다 높은 수업 수행을 달성하게 하였으며, 학습 시간을 줄일 수 있도록 하였다. 또한, 수학 학습에 컴퓨터 보조학습을 적용한 결과 컴퓨터 보조학습을 적용한 그룹이 전통적인 수업 방식을 적용한 그룹보다 학습효과가 더 높았으며, 학생들은 다양한 피드백 기능을 가지고 있는 컴퓨터 보조 학습을 선호하는 경향을 보였으며, 컴퓨터 보조 학습이 학습에 대한 흥미유발에 효과가 있다는 결과가 나타났다. 뿐만 아니라, 수학교과에서 CAI 활용수업에 대한 연구 결과는 학업 성취도와 컴퓨터에 관한 태도, 학과에 관한 태도, 수업에 관한 태도, 학습시간 등에서 컴퓨터를 활용한 수업을 받는 학생들이 그렇지 않은 학생들보다 높은 성취도와 긍정적인 태도를 보여주고 있다는 연구 결과가 있다(이중권, 2015). CAI 프로그램으로 이루어진 학습의 장점을 정리하면 다음과 같다. 첫째, 개별학습의 가능성을 증진시킨다. 둘째, 학생의 진도에 따라 시간과 장소에 구애됨이 없이 학습할 수 있어 생산적이고 효율적이다. 셋째, 학습의 시청각적 동시성을 높여준다. 넷째, 교사들은 기본적인 개념과 기능, 그리고 개별화된 연습문제 등을 준비하는 시간을 절약할 수 있어서 새로운 교재준비와 교수전략을 사용할 수 있게 한다(신동선 외, 1999). CAI가 장점만 존재하는 것은 아니다. CAI의 단점은 다음과 같다. 첫째, 잘 짜여진 프로그램이라도 예상된 문제와 응답범위가 한정되어 있기 때문에 학생들의 요구에 모두 답할 수 없다. 즉, CAI는 문제의 개별화와 특정 학습자의 요구에 맞추어 질문을 하고, 적절한 피드백을 제공해 줄 수도 있지만 학생들의 오류를 파악하여 반응하는 피드백 형태가 너무 단순하다는 한계로 인해 인간 교사보다 효과적이지 못할 수도 있다(류희찬, 2004a). 둘째, 개발에 따른 막대한 시간과 경비가 필요하다. 셋째, 교실 수업과정에서 얻어지는 인간적인 측면의 교육효과를 기대할 수 없다(신동선 외, 1999).

세 번째, 컴퓨터가 학습자의 역할을 하고 학습자가 교사의 역할을 하여 컴퓨터로 하여금 학습자가 명령하는 것을 수행하는 영역은 학생주도형이라고도 한다. 이 경우에는 컴퓨터의 역할은 개인 교사형의 경우와 반대가 된다. 학생은 자신이 구성하여 입력하는 일련의 논리적인 단계를 통해 컴퓨터가 행동을 수행하도록 컴퓨터를 프로그램(지도)하고 그 결과를 살펴봄으로써 자신의 사고 과정을 반성하게 하고, 나중의 수학 학습에 도움을 얻게 된다(황혜정 외, 2016). 예를 들면, LOGO 같은 프로그램은 컴퓨터 화면상에 나타나는 거북에게 학습자가 프로그래밍 언어를 사용하여 움직이게 한다. 이를 통하여 자신이 만든 프로그램이 옳은지 반성하도록 만들기 때문에 메타인지까지 가능하게 하는 것이다.

테일러가 제시한 세 가지 외에도 탐구 학습형이 있다. 이는 학생 주도형과 보조 도구형이 결합된 양식이라고 할 수 있다. 컴퓨터 탐구 학습 환경의 가장 중요한 특징은 학생들이 대상들 간의 관계를 탐구할 수 있도록 해준다는 것이다. 이때 탐구는 컴퓨터의 통제하에 이루어지는 것이 아니라 전적으로 학생의 통제하에 이루어진다. 여기에서 컴퓨터는 미리 계획된 이미지만을 보여주는 비디오 프로젝터처럼 작동하는 기계가 아니라 학생이 완전히 다룰 수 있는 기계이며, 학생은 자신이 시각화하고자 하는 대상을 탐구하기 위한 전략을 직접 수립해야 한다(황혜정 외, 2016). 예를 들면, LOGO, GSP 등이 이러한 탐구 학습 환경을 제공할 수 있다. 이러한 교육 매체들은 단순히 컴퓨터로부터 학습자로의 일방적인 지식의 전달에서 탈피하여 학습자와 컴퓨터와의 상호작용을 강조하고 있다는 측면에서 이러한 학습용 소프트웨어를 탐구형 소프트웨어라고 한다. 탐구형 소프트웨어는 일반적인 소프트웨어와 구분하여 교사가 수업에 사용하여 단순히 학습내용을 전달하기보다는 학생들이 직접 소프트웨어를 사용하여 수학 학습 활동을 할 수 있는 것을 말한다. 탐구형 소프트웨어의 활용은 수학 학습에 대한 흥미와 동기 유발에 긍정적인 효과를 가져올 뿐만 아니라, 추상적인 수학적 대상을 구체적으로 탐구할 수 있는 환경을 제공한다. 구체적인 다양한 예로부터 탐구하는 귀납적 활동은 수학적 창의력과 직관을 키우는데 매우 중요한 것으로 연역적 활동보다 앞서 이루어져야 한다(권성룡 외, 2009). 탐구형 소프트웨어는 학생들이 무엇인가 자유롭게 탐구하고 그 과정을 수학적인 언어로 표현하고, 그것을 동료나 교사와 의사소통하며 자신의 구성과정을 반성할 수 있으며 재미있고 학생들의 능동적인 참여를 유도할 수 있으며, 충분히 구체적이고 연결이 자유롭고 풍부한 환경을 제공한다(류희찬, 2004a). 이러한 수학적 소프트웨어는 전문적인 수학자들의 사용을 위해, 수학의 '사용자'들을 위해, 학습을 위한 목적으로, 주로 '수학적'으로 인지되지 않을 목적으로 고안되었다(Burton & Jaworski, 1995).

2 기술공학 사용의 장단점 및 유의사항

만약 기술공학을 적절하게 사용한다면, 보다 효율적인 교수와 학습, 보다 독립적이며 산출적인 학생들의 활동, 학생의 창의력 증대, 교사 역할의 중요성 증대와 같은 이점을 얻을 수 있다(Kutzler, 2003). 무엇보다도 기술공학을 사용한다면 얻을 수 있는 장점으로는 시각화를 들 수 있다. 시각화는 수학적 행동의 모든 측면에 걸쳐 도움을 줄 수 있다. 지식의 이해, 적용, 종합, 문제해결, 심미적, 정의적인 측면에 결정적인 영향을 준다. 이것을 세분해보면 다음과 같다. 첫째, 수학적 지식의 의미를 눈으로 확인시킬 수 있다. 둘째, 컴퓨터 그래픽을 사용하면 학생들에게 수학적 개념을 보다 근본적으로 이해시킬 수 있다. 셋째, 보다 발전된 학습이 가능하다. 넷째, 지식의 생성배경을 이해시킬 수 있음으로써 훨씬 설득력있는 수업이 가능하다. 다섯째, 시각적인 자료는 전체적이며 경우에 따라서는 많은 내용을 연결상태로 담을 수 있고, 따라서 보다 의미있는 형태로 여러 지식을 한 번에 파악하기 쉽다. 여섯째, 문제해결이나 증명에 도움이 된다. 일곱째, 공간추론 능력을 신장시킬 수 있다. 여덟째, 만약 학생들에게 동적인 시각화를 제시했다면 수학에 대해 훨씬 좋은 태도를 갖게 될 것이다. 이에 덧붙여서, 컴퓨터의 시각적·조작적 기능은 학생들로 하여금 추상과 구체의 만남을 통해 수학을 보다 쉽게 접근할 수 있게 해준다(신동선 외, 1999).

Cunningham(1991; 신동선 외, 1999, 재인용)은 교사가 시각화를 위하여 컴퓨터를 사용할 때, 고려해야할 사항을 다음과 같이 제시하고 있다. 첫째, 이미지들로 표현할 항목들을 결정하고, 이 중에서 가장 중요한 것을 강조해서 학생들에게 보여주어야 한다. 여기서 모순되는 정보는 제거되어야 한다. 둘째, 이미지들을 이용하여 설명해야할 내용에서 순서를 정하고, 이 내용을 논리적으로 연결되게 소개해야 한다. 셋째, 학생들이 이미 가지고 있는 수학적 지식과 혼란이 일어나지 않으면서 그들의 지식을 넓힐 수 있도록 도와주어야 한다. 넷째, 생동감 있고 발전적인 수학적 처리를 소개하는 기회를 찾고, 학생들에게 그것을 탐구하거나 조절할 수 있는 적절한 기회를 제공해야 한다. 다섯째, 학생들이 시각적으로 어떻게 학습할 것인지, 이런 학습을 어떻게 평가할 것인지, 이 학습을 학생들의 수학학습의 다른 부분과 어떻게 통합한 것인지 주의 깊게 고찰해야 한다.

각 수학 내용영역에서도 기술공학을 사용했을 때의 이점이 있다. 수와 연산 영역의 학습 지도에서 계산기나 컴퓨터의 활용했을 때, 학생들은 복잡한 계산을 계산기를 활용하여 계산함으로써 개념 학습에 더욱 집중할 수 있고, 계산기의 즉각적인 피드백을 활용하여 학생들이 자신의 추측을 정당화할 수 있고, 상황과 문제를 더욱 복합적이고 실제적인 방식으로 모델화할 수 있다(김남희 외, 2017). 컴퓨터를 이용하여 확률 지도를 할 때의 이점을 정리하면 다음과 같다. 첫째, 일반적인 해석법을 사용하여 쉽게 접근할 수 없는 문제를 해결하기 위해 난수 등을 사용하여 문제를 해결하는 Monte-Carlo법을 도입할 수 있다. 둘째, 대표적인 확률문제로 기하학적 확률을 도입할 수 있다. 셋째, 확률을 지도하는 방법에 대한 새로운 접근이 가능하다(신동선 외, 1999). 그러나 기술공학을 사용했을 때 항상 이점만 존재하는 것은 아니다. 수학교육에서 기술공학을 사용할 때는 다음 사항에 유의해야한다(권성룡 외, 2009, 참고).

첫째, 컴퓨터 도입에 따른 수학교육 내용의 변화를 인식할 필요가 있다. 이는 크게 의도된 내용상의 변화와 의노되지 않은 내용상의 변화가 있다.[2] 의도된 것은 크게 문제가 없지만 의도되지 않은 내용상의 변화는 주의하여야 한다. 예를 들면, 수학교육용 소프트웨어를 개발할 때나 개발된 프로그램을 사용할 때 의도되지 않은 곳에서 수학교육의 내용이나 성격이 변하게 되는 것을 말한다.

둘째, 컴퓨터를 수학 교수·학습에 도입함에 있어서 그 목적을 명확하게 할 필요가 있다. 수학교육의 방법을 개선하기 위해 컴퓨터를 도입한다면 컴퓨터를 활용한 수업이 가르치고자 하는 내용, 즉, 수학적 지식의 성격을 변형하거나 왜곡하지 않는지에 대해 주의를 기울여야 한다.

셋째, 수학 교수·학습의 실제에서 어느 단계, 어떤 내용에서 어떤 기술공학 도구를 어떻게 사용할 것인가의 문제가 중요하게 부각될 수 있다. 교사는 수업을 준비할 때 어느 단계의 어떤 내용에서 컴퓨터를 활용하고 어느 단계에서 차단하면 수업의 효율성을 극대화 할 수 있는가에 대해 치밀한 계획을 세워야 한다.

넷째, 기술공학을 활용한 수업의 교육적 한계를 분명히 인식해야 한다. 기술공학을 이용하여 모든 수학적 내용을 지도할 수 있다고 생각해서는 안 된다. 기술공학을 적용하면 효과적이지 않은 부분까지 무리하게 활용하다보면 학교수학의 내용 자체를 기술공학 도구에 맞게 재조직하는 극단적인 현상을 초래할 수도 있다.

---

2) p.8에서 더 자세한 설명을 제시하였다.

다섯째, 수학교육 방법상의 변화를 추구하는 과정에서 부지불식간에 일어날 수 있는 수학적 지식의 교수학적 변환을 생각해야 한다. 컴퓨터에 의한 수학적 지식의 교육학적 변환의 가능성은 네 가지 극단적인 교수 현상과 관련하여 분석할 수 있다. 이 네 가지 극단적 교수 현상은 브루소(Brousseau)가 제시한 이론으로 이후 III장 7절에서 더 자세히 살펴볼 것이다.

3 흰 상자 - 검은 상자 원리(white box & black box)

흰 상자-검은 상자 원리는 컴퓨터 대수 체계를 사용할 때 등장한 이론으로, CAS 계산기[3]뿐만 아니라 컴퓨터를 상자에 비유한 것이다. 이는 사용하는 상황에 따라 계산기나 컴퓨터가 흰 상자로써의 역할과 검은 상자로써의 역할을 한다는 의미이다. CAS 계산기가 흰 상자 역할을 한다는 것은 계산기로 한 계산 과정이나 활동을 사용자가 다 알 수 있게 한다는 것이다. 즉, 흰 상자는 투명한 상자와 같은 의미로, 상자 안에 무엇이 들어있는지 눈으로 확인할 수 있는 것처럼, CAS 계산기가 한 활동을 다 살펴볼 수 있다는 것이다. 그리하여, 수학적 알고리즘을 학생들이 파악하는 것에 초점을 둔다. 검은 상자는 이와 반대로 속이 보이지 않는 까맣게 된 상자를 의미하는 것으로, 계산기에 명령어 등을 넣어서 사용했을 때 답만 나와서 사용자가 그 활동이나 계산과정을 자세히 알지 못하는 것을 뜻한다. 그리하여, 문제해결 활동시 알고리즘 계산 상황을 줄여주는 역할을 한다.

Buchberger(1990)는 학생들이 수학학습시 거치는 "검은 상자"와 "흰 상자" 단계를 명확하게 기술했다. 그는 "흰 상자" 단계는 알고리즘을 철저하게 학습해야 한다고 주장한다. 즉, 기초 이론은 완벽하게 다루어야하고 알고리즘의 예들을 자세하게 학습해야만 한다. 그리고 "검은 상자" 단계에서는 범위 내에서의 문제의 경우는 기호적인

3) CAS 계산기에 상세한 설명은 IV장 3절에서 살펴볼 것이다.

계산 소프트웨어를 사용하여 해결될 수 있을 것이라고 주장한다. “흰 상자” 유형의 계산기 사용은 전통적인 지필 방법으로 할 수 없었던 중요한 이익을 제공한다. 예를 들면, 계산기는 학생들이 선택하는 변환이 무엇이든지 올바르게 적용하고, 학생들이 적당한 변화, 즉, 절차상으로 잘못된 산술을 한다는 두려움 없이 자유로이 할 수 있을 것이다. 개개의 대수 단계를 강조하는 계산기 기술은 흰 상자 방법으로 하고, 마찬가지로, 개개의 단계에서 감추어진 기능들은 검은 상자 방법으로 사용하는 것이 좋다(Edwards, 2003).

Heugl(2001)은 CAS 프로젝트의 결과와 발전된 교수학적 개념을 보여주며 CAS의 시대에 검은 상자를 가지고 반드시 의미를 이해 못하는 활동을 하는 것이 아니라고 주장한다. 검은 상자의 관점에서 CAS는 수학을 하는 사람들을 돕기 위한 강력한 도구가 될 수 있다. 이 때, CAS는 기호조작기로써의 역할을 수행한다. CAS를 가지고 연산을 하는 간단한 수행은 그 자체로써 수학적인 활동이 될 수는 없다. 하지만 Buchberger(1990; Drijvers, 2003 재인용)는 검은 상자에서 설명 단계의 기초를 이루는 발견이 가능하고, 그 발견이 증명되어 새로운 개념을 개발하는 흰 상자 단계로 이어지기도 한다고 설명한다. CAS는 흰 상자의 관점에서 학습자가 ‘흰’ 상자를 만들도록 도와주는 교수학적 도구로서, 통제하는 도구로서 역할을 하고, 검은 상자의 관점에서 계산 도구로서, 시험과 해석을 위한 도구로서 역할을 한다(Heugl, 2001).

흰 상자-검은 상자 원리는 먼저 알고리즘을 발달시키는 흰 상자 측면인 과정을 이해하는 노력을 하도록 요구한다. 여기서 학습자들은 어떤 기본적인 손으로 계산하는 기술을 습득해야만 한다. 그 이후에 심화된 연산을 CAS의 검은 상자측면을 이용해 완성된다. 즉, 흰 상자-검은 상자 원리는 개념이나 원리를 조정하고 이해하는 것 없이 CAS를 활용하는 것에 대한 문제제기로서 학생들이 새로운 수학개념이나 기술을 배울 때 적절한 지필 계산이 병행되어야 한다는 것이다(Buchberger, 1990; Drijvers, 2003 재인용). 이 주장은 지필이 병행된 흰 상자 원리에서 검은 상자 원리로 나아가야 한다는 것이다. 지필 알고리즘은 수학을 하는 사람들을 도울 수 있는 강력한 도구가 될 수 있다. 지필 알고리즘으로 연산을 하는 간단한 수행은 그 자체로써 수학적인 활동이 될 수 없다. 다른 말로, CAS의 버튼을 누르는 것으로 지필 알고리즘의 기계적, 의식적인 응용이 검은 상자 기능이라 할 수 없다. 과정의 완전한 이해는 언제 어디에 어떻게 적용할 수 있는지 아는 것과 어떻게 왜 과정이 진행되는지 아는 것을 포함한다(Dick, Dion, & Wright, 2003).

Schultz(2003)가 제시한 흰 상자-검은 상자의 예들을 살펴보자.

1. 학생들이 선형적이고 기하급수적인 상황을 모델링하기 위해서 방정식을 쓰는 것을 배운다.
2. 학생들은 먼저 계산기를 사용하고 나서 스프레드시트를 사용하여 시행착오로 어떤 방정식으로 해에 접근한다.
3. 학생들은 기술공학 없이 간단한 1차 방정식을 푸는 법을 배운다.
4. 학생들은 CAS를 사용하여 1차 방정식을 푸는 법을 배운다.
5. 학생들은 CAS를 사용하여 해에 접근하기 위해 지수 방정식을 푸는 법을 배운다. 정답에서 로그 법칙은 단지 가끔 언급될 것이다.
6. 학생들은 CAS를 사용하여 지불 공식(the payment formula)을 가지고 문제들을 해결하는 것을 배운다.

여기서, 1~3항목은 "흰 상자" 방법을 나타낸다. 이는 결과를 얻기 위해 사용하는 기술공학에 대한 약간의 이해를 가진 학생들은 위한 것이다. 4~6항목은 "검은 상자" 방법을 나타낸다. 이는 결과를 얻기 위해 기술공학을 사용하는 것에 대한 이해가 전혀 없는 학생들을 위한 것이다.

종종 "흰 상자, 검은 상자" 은유와 흰 상자 활동, 즉, 개념에 대한 의미와 대수 조작의 기초가 되는 알고리즘 구성이 문제해결을 위한 검은 상자 활동에서 CAS를 사용하기 전에 필수적이라는 주의를 듣는다. 예를 들어, 2000년의 13~17세 학생들에 대한 오스트리아 연구는 다음과 같이 보고했다(Cedillo & Kieran, 2003). "가장 큰 문제는 이 강력한 체계를 단지 위대한 *검은 상자*로써 사용하는 학생들이 용어와 이

용어의 사용법을 배우지만 추론에 의한 문제해결을 학습하지 않는다는 것이다." 이 은유의 약점은 학생들이 문제해결 상황에 대해 추론하는 것을 학습한 후에 문제해결에 대한 도구로써 검은 상자를 사용하는 것으로 '이전'과 '이후'에 대한 토론을 분열시키는 것이다. 논쟁에는 CAS를 앞에 기술된 대수의 포괄적 초수준적 활동 내에서 사용하기 위한 대수적 도구로써만 보는 제한된 시각이 내재되어 있다. 대안적 관점은 CAS의 가능성을 "회색 상자(gray box)" 환경-흰 상자와 검은 상자 둘을 서로 엮는 것-으로 보는 것이다. 검은 상자 활동 이전 또는 이후의 흰 상자 활동에 대해 말하기보다, CAS를 사용하는 동안 일어나고, 사실 CAS에 의해 야기되는 다양한 대수 학습에 집중할 수 있다는 것이다. 이 연구에서 학생들은 처음엔 흰 상자-개념적으로 문제해결을 위해 CAS를 검은 상자 도구로 사용하기 전에 하게 하려는 활동-로 사용하지 않았다. 대신 그들은 대수적 대상의 개념과 이 대상의 간단한 변환 즉, 표현을 단순화하기, 역함수 구하기, 동치인 표현을 만들기와 같은 변환을 발전시켰고, 동시에 그들은 CAS 계산기로 의사소통하였다. 그래서 이러한 CAS의 사용을 "회색 상자(gray box) 접근"이라고 부른다(Cedillo & Kieran, 2003). 그리하여, CAS 계산기가 흰 상자, 검은 상자 역할뿐만 아니라, 회색 상자의 역할까지 할 수 있음을 알 수 있다.

4 과정이해와 대상이해

함수의 개념을 설명할 때 주로 쓰이는 과정(Process)과 대상(Object)은 함수를 하나의 과정으로 이해하느냐 함수를 연산이 가능한 하나의 대상으로 이해하느냐로 나누어진다. **과정**은 컴퓨터 프로그램이 자료를 처리하듯이 함수를 입력, 변환, 출력의 처리 과정으로 보는 것을 의미한다. **대상**은 함수 자체를 하나의 실체로 파악하는 것을 말한다. 함수를 대상으로 이해하는 학생은 함수를 집합의 한 원소로 볼 수도 있고, $f+g$, $f-g$, fg, f/g, cf, $f\circ g$와 같은 함수 연산이 가능하고, $\phi(fg)=\phi(f)\phi(g)$

등의 함수를 대상으로 하는 사상을 이해할 수 있다(김남희 외, 2017).

이를 바탕으로 과정이해는 컴퓨터나 계산기 등을 사용할 때, 명령어를 입력하거나 변환하거나 결과를 얻는 출력의 과정으로 수학적 대상을 이해하는 것을 말한다. 대상이해는 컴퓨터나 계산기에서 다루어지는 하나의 개념을 독립적으로 다루어서 여러 개념들 사이의 관계를 파악하거나 연산이나 다른 수학적 활동을 할 수 있는 것까지 이해하는 것을 말한다. Sfard(1991)는 수학적 개념은 '대상'과 '과정'의 두 가지 측면이 있으며, 이는 동전의 양면과 같이 상호보완적이라고 보았다. 학생들은 새로운 개념을 배울 때 과정이 지배적인 경향을 보인다. 학생들은 알고리즘을 배우면 과정을 수행하고 계산하려는 경향이 있다. 그 다음 단계에서 대상 측면이 추가되고 "동전의 양면"처럼 개념을 통합한다(Drijvers, 2003). 즉, 학생의 이해는 수학 개념에 대해 과정이해 → 대상이해 → 과정이해 → 대상이해로 적절히 반복 수행하는 것을 통해서 이루어져야할 것이다.

이 수학 개념의 두 가지 특징에 주의를 기울여, 수학 개념은 때로 수행하는 과정으로 정의되는데, 즉 목표를 수행할 수 있도록 적합하게 상황을 고려하여 높은 수준으로 끌어올리는 과정으로 정의된다. Gray & Tall(1994)은 'Procept'라는 개념으로 깊이 있게 설명한다. 'Procept'란 과정과 개념의 연결이다. Procept는 과정에 의해 생성된 개념으로 머리 안에 존재하는 대상과 결합되어 있다. 과정과 개념 이 두 가지를 표시하기 위한 개념이다. Gray & Tall은 수학적 기호의 애매성을 느끼는 학생들에게 필요한 수학적 유연성을 강조한다. 예를 들어, "3+5"에서 +는 덧셈이나 수를 세는 과정을 표시하기도 하며, "3+5"는 덧셈의 결과로써 나타내기도 한다.

5 도구, 도구사용, 도구 발생

Drijvers(2003)는 연장(tool)과 도구(instrument)4)에 대한 원리를 설명하면서 우리가 최종적으로 도달해야할 것은 도구사용(instrumentation)이라고 주장한다. 여기서 연장은 일반적인 연장 그 자체를 의미하고, 그 연장이 유용하게 의미있게 사용되면 그 때 유용한 도구사용이 되는 것이다. 그가 주장하는 도구 사용에 대한 이론의 기본적인 개념은 연장이 자동적으로 유용한 도구로 활용되지 않는다는 것이다. 소프트웨어와 상호작용을 한 학생들에 대한 연구(Confrey, 1994; Borba & Villarreal, 2005, 재인용)는 학생들이 항상 소프트웨어를 다루는 새로운 방법을 스스로 발견한다고 주장했다. 특히, Borba(1993; Borba & Villarreal, 2005, 재인용)는 학생들이 설계팀의 고려와는 완진히 관계없는 방법으로 소프트웨어를 사용하는 예들을 발견했다. 즉, 학생들이 누구의 도움이 없이도 소프트웨어를 연장에서 또 다른 도구로 사용했음을 설명하는 것이다. 예를 들면, 망치는 전에 사용한 적이 있거나 누군가 망치질하는 것을 본 적이 없다면 의미가 없는 것이다. 사람이 망치를 원하고 그 사용법을 익히고 망치를 사용할 때 가치가 있고 쓸모있는 도구가 되는 것이다. 망치가 유용하다고 느낄 때 사용자는 편리한 방법으로 그것을 사용하기 위한 기술들을 개발하고 학습한다. 망치에 대한 것은 계산기나 컴퓨터 대수 체계와 같은 다른 도구에서도 적용될 수 있다. 연장(tool)이나 인공물(artifact)을 다룬 학습과정이 점차적으로 유용한 도구(instrument)로 발달하는 것을 도구 발생(instrumental genesis)이라고 부른다. 인류학적 관점은 도구발생(instrumental genesis)이라는 미시발생학적 상호작용에 초점을 두고 있는데, 이 도구 발생은 학습자와 도구를 사용해서 주어진 과제를 해결하는 가운데 학습자의 지식 획득을 돕는 도구 사이에서 일어난다(Rivera, 2005; 조정수, 2015, 재인용). 종종 이런 과정은 시간과 노력을 필요로 한다. 사용자는 과제를 수행하는데 있어서 도구가 적합한지 인식하기 위해 기술을 발달시켜야만 하고 연장을 가지고 그러한 과제를

4) 학자들마다 tool을 도구, instrument를 유용한 도구로 번역하거나 tool을 연장, instrument를 도구로 번역하기도 한다.

수행할 수 있어야만 한다. 이 과정의 "방법"은 도구사용 도식의 형태로 요약된다. 이러한 도식의 발달은 도구사용의 중요한 측면이다. 도구사용 도식은 기술적인 부분과 정신적인 부분 두 가지 요소로 구성되어 있다. 기술적인 부분은 사람이 어떤 목표를 획득하기 위해 기계로 수행하는 행동 배열로 생각할 수 있다. 수학적 IT 도구를 사용할 때, 정신적인 부분은 문제해결 과정과 기계적인 행동의 심상을 포함한 수학적 대상으로 구성된다. 그러한 정신적인 수학적 개념은 도구사용 도식의 일부이고, 더 나아가 도식이 발달하는 동안 진화할 수 있다. 공학적인 기술과 알고리즘과 개념적인 시각은 도구사용 도식에서 각각 서로 밀접하게 관련되어 있다. 정확하게 도구사용 도식 안에서 기술적이고 개념적인 측면의 조합은 컴퓨터 대수 사용, 지필 활동, 정신적 개념사이의 관계를 고려하는 동시에 장래성있는 도구사용의 이론을 만든다. 이러한 도구사용의 아이디어는 인식론적인 인간 공학에서 나오고 학습에서 공학적 도구의 사용과 관련되어 있다(Drijvers, 2003). 위에서 언급한 연장(tool)의 사용은 연장 사용(using a tool)이 되지만, 유용한 도구(instrument)의 사용은 도구사용(instrumentation)이 되는 것이다. 즉, 도구의 의미도 각각 다르게 나타나지만 도구사용 역시 다른 의미를 지닌 것이다. 우리는 학생들에게 CAS가 연장으로만 머무르게 할 것이 아니라 더 나은 도구가 될 수 있도록 노력해야할 것이다. 그래야만, CAS가 학생들이 좀 더 나은 이해와 개념 발달을 하는데 많은 도움을 줄 것이다.

CHAPTER III

수학학습심리학과 수학교육공학

1 Piaget의 반영적 추상화와 수학교육공학

조작적 구성주의의 대표학자인 피아제(Piaget)의 이론 중 가장 중요한 두 가지는 인지 발달 단계 이론과 반영적 추상화이다. 이 중 가장 중요하게 볼 수 있는 것이 반영적 추상화이다. 하지만 먼저, 그 바탕이 되는 인지에 대한 설명인 인지 발달 단계에 대해 살펴보자. 인간은 타고난 기본적인 쉠(Schème)을 바탕으로 적응 기능에 의해 환경과 상호작용하는 가운데 보다 유연하고 포괄적인 인지 쉠을 구성함으로써 인지구조를 변화시켜간다고 본다. 여기서 쉠이란 행동과 조작을 반복 가능하게 하고 일반화할 수 있게 하는 인지구조를 의미한다. 피아제는 환경에 적응하는 과정에서 끊임없이 일어나는 인지적 균형의 파괴와 동화 및 조절에 의한 새로운 균형화가 반복되는 쉠의 끊임없는 재구성 과정이 인지 발달이라고 정의하였다. 아동의 인지발달은 감각운동기, 전조작기, 구체적 조작기, 형식적 조작기의 4단계를 단계적으로 통과하게 된다. 물론 각 단계가 나타나는 시기는 아동의 문화적, 사회적 환경에 따라 차이가 있을 수 있으나, 각 단계의 공통적인 특징을 살펴보면 다음과 같다(황혜정 외, 2016. 참고).

1. 감각운동기

태어나서부터 대략 2세 정도까지 지속되는 감각운동기의 출발점은 삼키기, 빨기, 혀 움직이기, 울기와 같은 타고난 생물학적인 반사작용과 순환 반응이다. 순환 반응이란 우연히 획득된 어떤 새로운 결과의 능동적인 재생 행위를 말한다. 이 시기의 유아는 자신의 육체적 정신적 행동을 쉠이라는 일련의 분명한 행동 단위로 발전, 조직한다.

2. 전조작기

대략 2세에서 7세까지 지속되는 전조작기는 언어와 상징기능의 습득과 더불어 시작된다. 이 시기 아동들의 가장 중요한 특징 중 하나는 '자기중심성(ego-centrism)'이다. 자기중심성이란 세상을 자신만의 단일한 관점에서 보는 것을 의미하는 것으로, 여러 가지 시각이나 관점이 존재하는 것을 알지 못하고, 스스로 사로잡혀 있다는 자각조차 없는 상태를 뜻한다. 피아제는 이러한 자기중심성이라는 특징을 가역성의 결여로 설명하고 있다. 아동들은 마음속으로 한 행동을 거꾸로 하여 출발점으로 되돌아오는 데 곤란을 느끼며, 일단 실행된 행동에 집착하고 앞에서 행한 다른 행동이나 가능한 행동과 조정을 하지 못한다. 내면화된 가역적 행동이 조작이므로, 조작의 결여가 이 시기의 중요한 특징이 된다.

3. 구체적 조작기

대략 7세에서 11세까지 지속되는 구체적 조작기는 가역성의 출현과 더불어 시작되며, 가역성은 다음과 같이 상보적인 두 가지 형식 중 하나로 나타난다. 첫째 형식은 전도(inversion)나 부정(negation)에 의한 것으로 이미 수행된 조작을 취소하는 것이며, 이 경우 조작과 그 역조작의 결과는 영 조작, 즉, 항등 조작이다. 둘째 형식은 상반(reciprocity)에 의한 것으로 차이를 보정해주는 것이며, 이 경우 조작과 상반 조작의 결과는 평형이 된다. 이 시기 아동의 특징은 구체적인 대상의 취급과 직접 관련하여 행해져야하며, 구체적 대상 없이 언어적 명제만을 다루는 형식적 수준에는 이르지 못한다는 점에서 형식적 조작기와는 구분된다.

4. 형식적 조작기

대략 11~12세 정도의 시기에 시작되는 형식적 조작기에서는 대상, 성질, 개념 등이 명사로 파악되고, 구체적인 상태나 조작이 명제로 표현되는 수준을 넘어서 정신 활동의 영역이 보다 확대되어 구체적 조작뿐만 아니라 언어적 가설에 근거한 추론을 할 수 있게 된다. 이 시기 아동들은 선, 악의 정도를 파악할 수 있으며, 어떤 정의나 규칙, 규범을 적절히 객관적인 입장에서 볼 수 있게 된다. 또한, 귀납적 추론이나 연역적 추론을 할 수 있으며, '~이면 ~이다'라는 가설연역적 사고를 할 수 있다. 또한, 순열이나 조합, 비율, 상관관계, 확률과 같은 복잡한 개념을 이해하고 적용할 수 있게 되며, 무한히 큰 수와 작은 수에 대한 인식이 가능해진다.

이제 피아제가 중요시 생각했던 반영적 추상화를 살펴보자. 반영적 추상화는 수학의 본질이 추상성에 있고, 수학의 학습은 그러한 추상성을 직접해보는 즉, 추상화하는 활동이 중심이 되어야 하는 것을 배경으로 한다. 피아제가 제시하는 두 가지 추상화에 대해 살펴보자. 지각할 수 있는 대상으로부터 단지 그 공통의 성질을 이끌어 내는 것을 경험적 추상화라 부르고, 행동과 조작의 일반적인 조정으로부터의 추상화를 반영적 추상화라고 부르고 있다. 전자는 감각론적·경험론적인 사고방식을 나타내는 용어이고, 후자는 내적인 구성을 나타내는 용어라고 볼 수 있다(우정호, 2011). 예를 들어, 어린 아동이 큰 사과는 작은 사과보다 무겁다는 것을 발견하였다면 물리적인 경험을 한 것이다. 그러한 성질은 아동이 작용하기 전에도 사과가 갖고 있던 성질이며, 아동이 그 성질을 단지 경험한 데 불과하다. 그와 같이 경험으로부터 무게의 개념을 추상하였을 때 그것은 '경험적 추상화'에 의한 것이다. 이에 대해서, 사과를 어떤 모양으로 늘어놓고 어떤 순서로 세어 보아도 개수가 같다는 것을 발견하였을 때, 아동은 논리-수학적 경험을 한 것이다. 이러한 성질은 사과 자체와는 무관한 것으로서 아동은 자신의 활동과 그 결과에 대한 경험을 한 것이다. 이와 같은 경험으로부터 집합의 원소의 순서와는 관계없는, 원소의 개수라고 하는 개념을 추상하였을 때 아동은 '반영적 추상화'를 하였다고 볼 수 있다(황혜정 외, 2016).

피아제에 의하면 반영적 추상화의 메커니즘은 반사와 반성이라는 두 가지 상보적인 과정의 나선적 교대에 의하여 진행된다. 반사는 전 단계에서 얻은 것을 보다 상위의 단계로 옮긴다고 하는 의미이며, 반사가 시작되는 가장 기초적인 단계는 감각운동적 움직임에서 출발하는 일련의 행동을 내면화하여 개념의 시초인 표현으로 투사하는 것이다. 예를 들어, 아동에게 빨간 칩과 노란 칩들을 마음대로 늘어놓게 했다고 하자. 빨간 칩만을 계속 늘어놓던 아동이 "이제는 노란 칩을 놓는다."라는 말을 했다면, 이는 아동이 빨간 칩을 놓고 있던 자신의 행동을 의식하기 시작한 것이며, 그 행동을 표현한 것이다. 행동이 내면화되었다는 것은 행동과 관련된 어떤 내적 구성이 이루어져서 이를 통해 행동을 의식하고 그 행동을 다른 행동과 결합할 수 있게 하는 것이다. 이러한 내면화 과정은 인지 발달의 모든 단계에서 나타나는 것이기도 하지만, 특히 반사의 과정을 반드시 내면화로부터 시작되어야 한다. 반사가 이루어진 상위 단계에서 반성이 이루어지기 위해서는 하위 단계에서 사고의 도구였던 것이 사고의 대상이 되어야 하는데, 피아제는 이를 주제화라고 설명한다. 예를 들면, 덧셈을 하고 난 뒤 덧셈에 대해 반성하기 위해서는 덧셈의 과정을 새로운 사고의 대상으로 변환시켜야 하는 것이다. 결국 반사는 이전 단계의 행동이나 조작을 사고의 대상으로 만드는 주제화로 귀착되어 상위 단계에서 반성을 가능하게 한다. 반성에 의해 구성된 새로운 형식은 보다 정교해진 내용을 다시 반사할 수 있게 하므로, 내면화와 주제화의 순환이 계속 반복되어 일어나게 된다(황혜정 외, 2016). 그렇다면 피아제의 반영적 추상화와 수학교육공학과는 어떠한 관계가 있을까? 수학교육공학적 환경에서 반영적 추상화는 거의 필수적이라고 할 수 있다. 즉, 컴퓨터가 제공하는 공학환경은 아동들에게 수학적 주제를 탐구할 수 있는 학습의 장을 제공해준다는 측면에서 의의가 있을 뿐만 아니라, 반영적 추상화에 도움이 되는 활동을 제공해 줌으로서 아동의 수학 학습을 도울 수 있기(권성룡 외, 2009) 때문이다.

컴퓨터의 시각적 기능과 조작적 기능은 학생들로 하여금 수학에 보다 쉽게 접근할 수 있게 해 주지만, 시각화나 구체적인 대상의 조작만으로는 부족하고 조작의 반성이 필수적으로 요구된다는 것이다. 예를 들어, LOGO 언어를 통한 수학학습에서 피아제가 언급한 반영적 추상화는 학습을 의미 있게 만드는 기본적인 메커니즘이다

(Papert, 1980; 우정호, 2011, 재인용). 프로그램을 작성하고 실행하게 하면서 반성과정이 강조되지 않을 때 LOGO를 통한 수학학습은 기계적인 학습이 될 위험성이 높다. 컴퓨터 프로그래밍 활동은 수학적 사고를 알고리즘적 사고로 변환하는 과정으로서, 학생 자신의 수학적 사고를 컴퓨터 언어로 번역하여 결과를 산출하는 활동이다(우정호, 2011). 이에 덧붙여서, 컴퓨터를 이용한 오류수정은 과정에서 다시 한 번 반성하는 기회를 제공한다. 이는 자신의 사고와 행동을 다시 한 번 생각해 봄으로써 더 높은 수준으로의 발달을 모색하는 반영적 추상화 활동에 기여하게 된다.

2 Vygotsky의 근접발달영역과 수학교육공학

사회적 구성주의의 대표학자인 비고츠키(Vygotsky)의 대표이론은 근접 발달 영역(the Zone of Proximal Development: ZPD)이라고 할 수 있다. 이 근접 발달 영역은 학습자의 발달 상황에 따른 지도 방법에 관한 설명인데 이는 지식이 한 사회 집단에 누적된 역사적, 문화적 형태로 존재하기 때문에 다른 구성원들과의 사회적 상호작용에 의해 재구성되며, 학습 또한 이러한 상호작용을 통해 이루어지는 것을 바탕으로 하고 있다는 것이다. 비고츠키는 아동의 '실제적 발달 수준(actual development level)'과 '잠재적 발달 수준(potential development level)'으로 구분하고 있으며, 이 두 수준 사이를 근접 발달 영역이라고 부른다. 실제적 발달 수준이란 학생이 다른 사람의 도움 없이 독립적으로 문제를 해결할 수 있는 수준을 말하며, 잠재적 발달 수준은 좀 더 지식이 풍부한 교사, 성인 또는 유능한 또래의 도움을 얻어 문제를 해결할 수 있는 수준을 의미한다(황혜정 외, 2016).

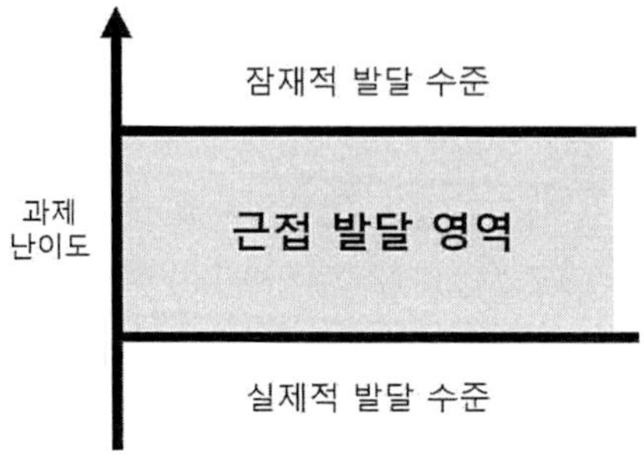

[그림 Ⅲ-1] 근접 발달 영역

이러한 근접 발달 영역은 한 번 정해지면 고정되어지는 것이 아니라 학생이 좀 더 높은 과제를 해결함에 따라 전체적으로 상향 이동하게 된다. 타인의 도움 없이, 즉, 교사, 성인, 유능한 또래의 도움 없이 해결할 수 없는 과제를 스스로 해결할 수 있게 되면 수준이 상승하는 것이다(황혜정 외, 2016). 이때, 비계를 설정함으로써 근접 발달 영역을 좁혀갈 수 있는데, '비계설정'은 건물을 지을 때나 수리할 때 인부들이 건축 재료를 운반하며 오르내리거나 필요한 작업을 할 수 있도록 건물 주변에 세우는 장대와 두꺼운 판자로 된 발판을 세우는 것이다(권성룡 외, 2009). 그리하여, 비계를 발판이라고 부르기도 한다. 비계설정은 학습자가 주어진 과제를 잘 수행할 수 있도록 유능한 또래나 교사의 도움을 제공하는 지원을 일컫는 것으로, 가령 힌트를 주거나 암시를 주는 것은 비계를 설정하는 행위의 일종이다. 컴퓨터 공학의 의의는 근접 발달 영역 내에서의 비계설정을 가능하게 한다는 점이다. 이 비계설정은 비고츠키가 제안한 개념이 아니라 그의 이론을 적용하여 효과적인 개별화 교수의 주요 요소를 파악하려고 했던 우드(Wood), 브루너(Bruner), 로스(Ross) 등이 소개한 용어로 이상적인 교사의 역할을 말해주는 좋은 비유이다. 비계설정은 다음과 같은 다섯 가지의 특성을 가진다(권성룡 외, 2009. 수정).

- 비계설정은 학습을 지원해 준다.
- 비계설정은 학습에서 버팀목의 역할을 하는 하나의 도구이다.
- 비계설정은 학습자의 학습 영역을 확대시켜 준다.
- 비계설정은 불가능한 과제를 가능하게 해 준다.
- 비계설정은 학습자들의 도움이 필요한 곳에 선별적으로 사용되어진다. 즉, 학습자가 스스로 해결할 수 있는 과제에는 비계가 필요없다.

이러한 비계방법은 자동화나 보완의 의미에서 평범화, 실험, 시각화, 집중화를 위해 기술공학의 사용여부에 관한 교육적으로 정당화된 과정이다. 기술공학을 일시적으로 사용하는 것은 학생들에게 보다 적은 양, 보다 "소화하기 쉬운" 조각으로 학습과정을 분해하도록 도와준다. 우리가 전통적인 수학 교수로 제시했던 "커다란" 조각을 삼킬 수 없었던 학생들에게 비계방법은 필수적인 학습단계를 숙달하도록 도와줄 수 있으며, 학생들에게 단순화와 마찬가지로 세부사항을 잃어버리지 않고 각 단계별 경로를 밟을 수 있도록 도와준다. 수학을 기르치는 것을 집을 짓는 것에 비유할 때, 기술공학의 사용은 비계가 된다(Kutzler, 2003).

3 Bruner의 EIS 이론과 수학교육공학

브루너(Bruner)에 따르면 아동의 지능 발달은 활동적(Enactive) 표현, 영상적(Iconic) 표현, 상징적(Symbolic) 표현의 순서로 이루어지는 표현 수단의 발달과 그 사이의 조정 능력의 발달을 의미한다(황혜정 외, 2016).

활동적 표현은 적절한 운동적 반응을 통하여 표현하는 것으로, 구체적 조작기까지의 아동에게 지배적인 역할을 하게 되며, 아동의 인지 발달과 더불어 내면화되어 간다. 예를 들어, 5개의 검은 바둑알에 대하여 동일한 개수의 흰 바둑알을 제시하거나, 사물의 개수를 나타내기 위하여 색칠을 하거나 스티커를 붙이는 행동은 모두 자연수에 대한 활동적 표현이며, 구체물을 합치거나 분리하는 행동은 자연수의 덧셈과 뺄셈에 대한 활동적 표현으로 볼 수 있다.

영상적 표현은 도식을 이용하여 표현하는 것으로 수도(數圖)를 이용하여 수를 나타내는 것은 자연수에 대한 영상적 표현이며, 벤 다이어그램은 집합에 대한 영상적 표현이고, 여러 가지 함수의 그래프는 함수에 대한 영상적 표현이다.

상징적 표현은 언어 능력의 발달과 더불어 나타나는 것으로, 피아제의 발달 단계 이론으로는 구체적 조작기까지는 구체물과 관련되어 가능하며 순수하게 상징적 표현만을 다루는 것은 형식적 조작기에서 가능하다. 숫자 표현은 자연수에 대한 상징적 표현이며, 덧셈식이나 뺄셈식은 덧셈과 뺄셈에 대한 상징적 표현이다.

브루너의 EIS 이론을 적용하여 다항식의 곱셈이나 인수분해를 지도하면 형식화된 곱셈공식과 인수분해 공식의 의미를 실제적 조작을 통한 직관적 이해를 바탕으로 학습할 수 있게 하는 교육적 이점이 있다. 특히 학생들에게는 대수식이 나타내는 의미를 새롭게 해석할 수 있는 기회가 제공된다. 또한 다항식의 곱셈과 결과를 기하적인 측면에서 바라보도록 하기 때문에 대수와 기하를 연결하여 통합적으로 이해하는 경험을 제공해줄 수 있다(김남희 외, 2017). 즉, 컴퓨터와 CAS 계산기 사용을 통하여, 그래프를 직접 그려봄으로써 즉, 영상적 표현을 통하여 개념을 학습할 수 있다. CAS 계산기나 CAS 소프트웨어를 통하여 대수식을 직접 다루어봄으로써, 즉, 상징적 표현을 다루어 봄으로써 개념을 이해하는데 도움을 받을 수 있다는데 의의가 있다.

더 나아가, CAS 계산기나 CAS 소프트웨어를 사용하여 영상적 표현과 상징적 표현의 관계를 파악할 수 있다. 이에 대한 자세한 설명은 IV장 3절에서 제시할 것 이다.

4 Dienes의 수학학습원리와 수학교육공학

딘즈(Dienes)는 자신의 학습이론을 구현하기 위해 효과적인 4가지 수학학습원리를 제시하고 있다.

1. 역동성의 원리(Dynamic Principle)

역동성의 원리는 새로운 개념이해는 세 단계를 거쳐서 이루어지는 점진적인 과정이라는 것이다(권성룡 외, 2009). 목표가 불분명하며 그 자체로 즐기는 예비놀이 단계, 좀 더 방향이 정해지고 목적을 지향하지만 추구하고 있는 것에 대한 명확한 인식은 없는 구조화된 놀이 단계, 형성된 개념을 고정시키고 적용하기 위한 실습놀이 단계로 각각 순차적으로 적절한 시기에 필수적인 경험으로서 제공하여야 한다는 것이다(황혜정 외, 2016).

2. 구성의 원리(Constructivity Principle)

딘즈는 사고를 구성적인 사고와 분석적인 사고로 구분하였는데(권성룡 외, 2009), 아동은 분석적 사고를 하기 훨씬 이전에 구성적 사고를 발달시키므로, 아동에게 제시하는 수학적 상황은 분석보다 구성을 요구하는 것이 우선되어야 한다는 것이다(황혜정 외, 2016).

3. 지각적 다양성의 원리(Perceptual Variability Principle)

동일한 개념을 형성하는데 존재하는 가능한 모든 개인차를 고려하는 방법으로써, 동일한 개념적 주제에 대한 다양한 수단을 사용하여 가능한 한 많은 변화를 주자는 것이다. 예로 들어, 빨대나 나무 등의 소재를 이용하여 평행사변형을 만들거나, 점판 위에 표시할 수도 있으며, 일상의 물건이나 주변의 건물 등에서 평행사변형을 찾아볼 수 있다(황혜정 외, 2016).

4. 수학적 다양성의 원리(Mathematical Variability Principle)

수학적 다양성의 원리는 수학적 개념과 관련이 있는 변수는 유지한 채 관련이 없는 변인을 체계적으로 변화시키는 것이 수학적 개념의 일반화를 돕는다는 것이다(권성룡 외, 2009). 즉, 수학적 개념에서 본질적인 것은 그대로 두고, 비본질적인 것은 다양하게 변화시켜야 한다는 것이다. 예를 들면, 평행사변형의 개념을 학습한다면, 본질적인 것 즉, 두 쌍의 대변이 평행하다는 것, 대각의 크기가 같다는 것 등은 유지하면서, 비본질적인 것 즉, 각의 크기나 대변의 길이와 같은 것은 다양하게 변화시키는 것을 말한다.

딘즈의 네 가지 학습 원리를 구현하기에 가장 적합한 환경이 바로 공학환경이다. 분석적인 사고를 하기 전에 수학적으로 충실한 다양한 경험을 제공해주기 위해서는 그의 다양성의 원리를 구현할 수 있는 환경이어야 한다(권성룡 외, 2009). 또한, 컴퓨터 환경이 지필환경에 비해 수학교육이 측면에서 효율적인 것은 컴퓨터가 다양한 표현을 제공할 수 있다는 점이다. 즉, 컴퓨터는 딘즈가 제시한 수학학습원리를 구현하기에 적절한 환경을 제공해 줄 수 있다. 지각적 다양성의 원리와 수학적 다양성의 원리에 따라 종래의 지필 환경에서 수행하기에 한계가 있는 다양한 경우와 예를 용이하게 제시할 수 있기 때문에 수학적 개념이나 원리 및 법칙의 직관적인 이해와 발견을 용이하게 해준다(우정호, 2011).

다양한 표현의 제공시 고려해야할 사항은 다음 두 가지이다. 첫째, 지각적 다양성의 원리에 입각해야 한다. 지각적 다양성의 원리는 수학을 지도할 때 가능한 한 가지 개념에 대한 다양한 표현을 제공해야 한다는 것이다. 이것은 학생들의 추상화 능력의 배양과 관련된다. 둘째, 수학적 다양성의 원리에 입각해야한다는 점이다. 수학적 다양성의 원리는 지도하려는 수학적 주제의 핵심부분은 그대로 둔 채 핵심이 아닌 부분을 다양하게 변형하여야 한다. 이것은 학생들의 일반화 능력과 관련된다(신동선 외, 1999). 수학적 다양성의 원리의 경우, 개념에 핵심적인 요소를 고정한 채 핵심적이지 않은 요소들을 다양하게 변화시켜서 제공할 수 있는 환경이 바로 Geometer's SketchPad(GSP)와 같은 탐구형 소프트웨어 환경이다. 공학환경은 지필환경에서 제공해주지 못했던 다양한 학습경험을 제공해줌으로써 지필환경을 효과적으로 보완할 수 있다. 딘즈는 수학적 다양성의 원리와 지각적 다양성의 원리를 잘 조화시켜 개념발달의 핵심적인 측면인 추상화와 일반화를 촉진해야 한다고 보았다(권성룡 외, 2009).

딘즈의 연구에서 얻을 수 있는 시사점은 다음과 같다(권성룡 외, 2009). 첫째, 학습자 개인차와 흥미를 고려하기 위해서는 학급 전체 활동을 줄일 필요가 있다. 둘째, 학습자들의 경험의 차이나 준비도의 차이를 고려하여 개별 활동과 모둠활동을 동시에 활용할 필요가 있다. 셋째, 교사의 역할은 학습내용을 소개하는 것에서 학습자들의 학습을 촉진하는 것으로 변화되어야 한다. 넷째, 학습에 대해 학습자들의 책임을 증가시킬 필요가 있다. 다섯째, 새롭게 대두된 학습 환경에 대한 새로운 정보와 방향을 제공할 필요가 있다. 다양한 하드웨어와 소프트웨어를 갖춘 학습실험실을 마련하는 것은 바로 딘즈의 학습 원리를 적용한 결과라고 볼 수 있다.

5 Polya의 문제해결과 수학교육공학

폴리아(Polya)의 문제해결을 위해서는 먼저 문제해결을 위한 문제를 정의하는 것이다. 폴리아는 분명하게 인식된, 즉각적으로 얻을 수 없는 목표를 얻는데 필요한 어떤 행동을 의식적으로 조사할 때 문제를 가졌다고 보았다. 결국 좋은 문제란 해결 과정에서 여러 종류의 개념과 기능을 필요로 하고, 다른 장면으로 일반화, 확장될 수 있어야 하며, 다양한 해법이 존재하는 것이라고 할 수 있다(황혜정 외, 2016). 이러한 문제를 해결하기 위한 과정을 문제해결 과정이라 부른다. 폴리아는 문제해결 과정을 다음 4단계로 제시하고 있다.

1. 문제 이해(understanding the problem)

문제를 이해하는 단계로 문제에서 구하려는 것과 주어진 것을 알고, 용어의 뜻을 파악하며, 문제를 분석하는 것이 이 단계에 해당한다.

2. 계획 수립(devising a plan)

문제에서 주어진 것과 구하려는 것 사이의 관계를 파악하는 단계로 여러 가지 문제해결 전략을 이용하게 된다.

3. 계획 실행(carrying out the plan)

해결 계획에 따라 실행하는 단계이다.

4. 반성(looking back)

문제를 해결한 과정을 처음부터 검토해 보고, 다른 방법으로 해결할 수는 없는지를 알아보고, 혹시 다른 방법이 있으면 어느 방법이 더 나은지를 생각해본다.

반성은 자신의 사고과정을 대상으로 하는 인식 활동이라는 점에서 메타인지(meta-cognition)적인 사고라고 할 수 있다. 문제해결 과정에서 수행하는 모든 활동에 대해서 각각 모니터하고 조절하는 것이 필요하다는 측면에서 메타인지는 문제해결 4단계에 모두 영향을 미치지만 가장 밀접한 관련을 갖는 것은 반성 단계라고 할 수 있다(황혜정 외, 2016). 컴퓨터나 계산기를 도입하면 이러한 반성 단계를 강조하는 활동이 더 잘 이루어질 것이라는 것이다. 그렇다면 수학교육에 컴퓨터를 도입하는 방법은 크게 두 가지로 살펴볼 수 있다. 첫째는 컴퓨터 프로그래밍 학습을 통한 수학적 문제해결력을 신장시키는 것이고, 둘째는 수학교육을 위한 다양한 소프트웨어의 활용을 통해서 여러 가지 수학적 개념을 지도하고 문제해결을 위한 도구로 활용하는 방법이다(신동선 외, 1999).

6 Freudenthal의 수학화와 수학교육공학

프로이덴탈(Freudenthal)은 인간활동으로서의 '현실주의적 수학교육(Realistic Mathematics Education: RME)'이념을 구현하고자 한다(우정호, 2011). 프로이덴탈에게 있어서 수학은 인간의 정신적 활동이라고 할 때, 수학적 활동의 본질적인 특징을 바로 수학화 활동이다. 수학화는 현상을 수학적 수단인 본질로 조직하는 것을 의미하며, 수학화 과정은 이런 현상과 본질의 교대 작용에 의해 수준 상승이 이루어지는 불연속적인 과정이다. 이 때, 현상이란 수학이 현실을 매체로 확장되어 간다고 볼 때, 현실적인 경험일 수도 있고 수학적인 경험일 수도 있으며, 수학화란 수학자들이 수학적 개념, 아이디어, 구조 등을 포함하는 수학적 수단에 의해 현실의 경험을 조직하거나 수학적 경험을 체계화시켜 나가는 것을 의미한다(정영옥, 1997).

트레퍼스(Treffers)는 1978년 그의 논문에서 수학화를 수평적 수학화와 수직적 수학화로 구분하였다(정영옥, 1997). 수평적 수학화는 현실의 문제를 좁은 형시적 의미에서 수학적 수단으로 조직하는 것이고, 수직적 수학화는 다소 정교한 수학적 과정에 의해 이루어지는 것이다. 즉, 수평적 수학화는 우리가 살아가고 있고 행동하고 있는 이 현실의 문제를 수학적 기호로 이끄는 것을 뜻한다. 수직적 수학화에서는 기호들이 자동적으로 형성되고 다시 이해되어져서 재형성되고 반성적으로 조직되는 것을 말한다. 현실세계는 실제 경험되어지는 것이며, 기호세계는 그것들의 추상화에 의해 만들어지는 세계이다. 한편, 트레퍼스는 학습 장면에서 학생들이 직접 행하는 수학화 활동은 주어진 상황마다 다르며 더 많은 다양한 활동으로 세분화될 수 있음을 보였다. 또한 수학화를 수평적 수학화와 수직적 수학화가 서로 교대로 일어나는 과정으로 보았다. 수평적 수학화는 현실 내의 문제 장면을 형식적인 수학적 처리가 가능하도록 변환하는 것을 의미하고, 수직적 수학화는 세련된 좀더 높은 수학적 처리가 가능하도록 하는 것을 의미한다. 프로이덴탈은 이에 대해 전자는 현실적인 것으로 체험된 세계에서 좀더 추상화된 기호의 세계로 이행되는 것, 후자는 추상화된 기호의 세계에서 기호들이 계속 형성되고 이해되고 반성되는 것으로 구분한다(황혜정 외, 2016).

프로이덴탈의 수학화를 통한 수학 학습 지도는 학생들의 적극적인 활동을 통해 원초적 현실에서 수학적 본질을 찾고 형식화해 나감으로써 현실과의 밀접한 관계가 유지되도록 하여야 한다. 수학화를 중요시하는 이유는 학생들에게 수학화 경험을 통해 수학에 대한 보다 수준 높은 이해와 자신의 세계를 이해하는데 수학적 수단을 사용할 줄 알도록 하려는 것이다. 이것을 응용 가능성이라고 한다면 이는 처음에는 수학 그리고 나서 현실 세계로 돌아가는 것을 의미하는 것이 아니라, 처음에 현실 세계에서 출발해서 수학화 과정을 거치고 다시 현실 세계로 돌아올 수 있도록 하는 것을 의미한다. 이런 현실과의 밀접한 관련성을 유지하기 위해서는 수학적으로 정련된 설명과 단순한 수학적 문제 풀이 위주의 수업이 아니라 풍부한 문맥을 학생들에게 제시해야 하며 이를 기반으로 수학화가 이루어질 수 있도록 하는 것이 중요하다. 여기서 풍부한 문맥은 전반적인 수업과정에서 다루어져야 하는 것이다(황혜정 외, 2016).

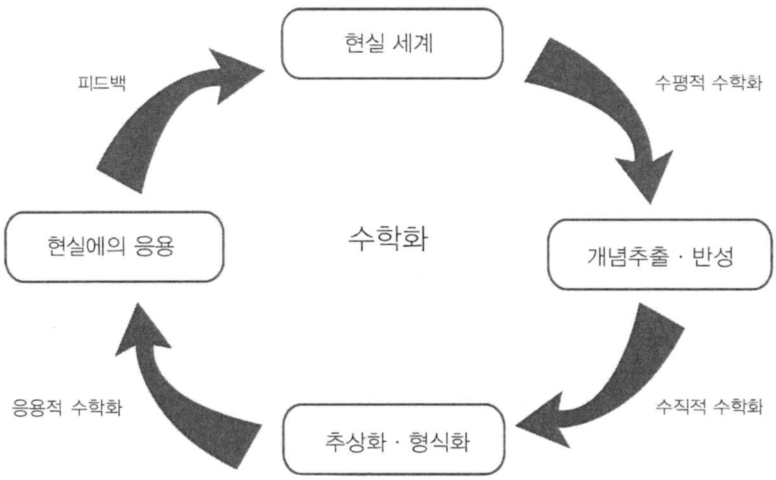

[그림 III-2] 수업에서의 수학화 과정(정영옥, 1997)

수업에서 수학화 과정의 첫 번째 단계는 현실 세계의 문맥을 직관적으로 탐구하는 단계이다. 이것은 문제의 수학적 측면들을 알아내고 규칙성을 발견하는 것을 의미한다. 두 번째 단계는 학생들 간의 상호작용, 학생들과 교사와의 상호작용 그리고 학생들의 형식화·추상화 능력과 같은 요인에 의존해서, 현실 상황으로부터 수학적 개념을 추출해 내는 수평적 수학화의 단계인데, 여기에서는 수학화 과정에 대한 반성이 필수적이다. 세 번째 단계는 형식화 추상화가 중심인 수직적 수학화의 단계로서, 예상되고 결과적으로 발생되는 수학적 개념에 대한 기술과 엄격하고 형식적인 정의가 뒤따른다. 네 번째 단계는 개념을 새로운 문제에 적용함으로써 개념을 강화하고 일반화하는 응용적 수학화의 단계이다. 이와 같은 단계를 거쳐 해결된 문제는 현실 세계에 대한 학생들의 관점에 영향을 미치게 될 것이다(황혜정 외, 2016).

프로이덴탈은 이러한 상황 중에서 특히, 수평적 수학화에서 반드시 공학이 필요하다고 하였다. 왜냐하면, 일상에 있는 자료들은 날 것으로 변형을 가한 것이 아니기 때문에 지필로 계산하기 힘들 것이라고 보았다. 즉, 다양한 현실을 다루기 위해서는 공학이 필요하다는 것이다. 다양한 현실 안에 있는 대상의 한 예로서 마이크로 컴퓨터가 여러 사람들에게 의미하는 바를 생각해보자. 판매자에게는 어떤 가격을 지니는 상품, 배달자에게는 몇 킬로그램의 무게가 나가는 것, 초보자에게는 미지의 땅, 전문가에게는 그의 삶의 일부이다. 이렇듯 현실적인 도구인 컴퓨터로부터 많은 의미를 뽑아낼 수 있다(Freudenthal, 1991).

프로이덴탈(Freudenthal, 1981; 권성룡 외, 2009, 재인용)은 수학교육 방법론의 측면에서 컴퓨터의 활용을 강조하였다. 그는 수학적 이해를 유발하고 증진시키기 위한 강력한 도구로써 컴퓨터를 이용할 것을 제안하였다. 네 가지 관점에서 컴퓨터가 수학교육 방법론에 어떻게 기여할 것인가를 제시하였다.

1. 학생의 실제 경험과 수학의 연결

컴퓨터는 학생의 일상적이고 물리적인 경험에 바탕을 둔 실제 자료와 시뮬레이션을 혼합하여 제시할 수 있기 때문에, 컴퓨터는 다양한 모델과 시뮬레이션을 통해 학생의 폭넓은 경험과 형식적 수학을 연결한다. 또한, 수학 문제해결에 컴퓨터를 도입하면 학생은 현실과의 관련성이 풍부한 문제들을 수학적 모델링을 통해 학교수학에서 직접적으로 다룰 수 있다.

2. 수학적 대상과 관계의 구체화

컴퓨터는 수학적 대상과 수학적 관계를 구체화함으로써 그것을 더욱 직접적으로 다룰 수 있는 교수학습 환경을 제공하는데, 발라체프(Balacheff, 1996)는 이를 '새로운 경험적 수학 현실주의'라고 불렀다. GSP와 같은 탐구형 기하 소프트웨어에서 기하의 개념화는 컴퓨터 화면에 나타나는 그림의 요소들을 마우스로 끌었을 때 그림에서 변하지 않는 성질에 대한 연구가 되며, 기하적 성질에 대한 명제는 새로운 실험의 영역에서 관찰가능한 기하적 현상을 기술한 것이 된다. 여기에서 컴퓨터 화면에 나타나는 그림의 요소들을 마우스로 끄는 과정은 바로 딘즈(Dienes)가 주장하는 '수학적 다양성의 원리'와 부합한다고 할 수 있다.

3. 다양한 표현 체계의 연결

컴퓨터 기반 학습 환경은 수학의 다양한 표현-그래프, 식, 기하그림, 공식, 측정값 등-을 같은 화면에 제공할 수 있는데, 이는 학생으로 하여금 다양한 표현을 서로 연결짓게 함으로써 그 표현에 내재되어 있는 의미를 보다 충실하게 이해할 수 있도록 한다.

4. 사고력 중심의 수학교육 추구

컴퓨터는 사고력 향상을 목적으로 하는 교수학습 활동에서 산술적인 계산과 대수적인 문자식의 처리를 신속하게 수행해 줌으로써 본질적인 사고력 중심의 교수학습 활동에 전념할 수 있게 해준다.

프로이덴탈은 '수학적 이해를 일깨우고 증진시키기 위하여 계산기와 컴퓨터를 어떻게 이용할 것인가?'라는 문제를 앞으로 수학교육계가 해결해야할 주요문제 가운데 하나로 들고 있다. 예를 들면, 그는 계산기를 이용한 수치적 실험에 의해 비의 법칙을 발견하기를 원했다. 계산기는 이러한 기본적인 수학적 개념을 이해하는 열쇠가 될 수 있다는 것이 그의 생각이다(우정호, 2011).

7 Brousseau의 극단적인 교수학적 현상과 수학교육공학

이전의 이론들은 수학교육공학적 측면에서 장점들을 주로 논한 것이라면 브루소(Brousseau)의 극단적인 교수학적 현상은 단점을 논한 것이라고 볼 수 있다. 먼저 그가 주장한 이론을 살펴보고, 그 이론이 컴퓨터나 계산기가 도입되었을 때의 일어날 수 있는 어떤 상황을 설명하는지 살펴보자.

브루소가 주장한 수학 교수학적 상황론에서 교수(teaching)에 대한 부작용으로 일어나는 극단적인 교수학적 현상에 주목하였다. 먼저, 수학 교수학적 상황이란 학생이 어떤 수학적 지식을 학습하도록 하는 것을 목표로 하는 교사, 학생, 환경 사이의 관계상황이며, 교사가 교수학적 의도가 담긴 문제상황 속에서 학생과 상호작용하는 상황이다. 교수학적 상황에는 탐구활동 상황, 이해를 뒷받침하는 구체적 활동 상황, 형식화 상황, 의사소통 상황, 추측상황, 증명상황, 반박상황, 구성된 지식에 체계화된 공식적인 지위를 부여하는 제도화 상황 등 여러 가지 유형을 확인할 수 있다(우정호, 2011).

브루소는 이러한 교수학적 상황속에서 지식을 이해하고 표현하고 전달하는 과정을 개인화 / 배경화, 탈개인화 / 탈배경화의 과정으로 설명하였다. 수학 지식에 대한 최초의 사고자는 그 자신의 특정한 배경(context) 속에서 개인적인(personal) 방법으로 지식을 이해한다. 이 단계의 지식은 개인화되고 배경화된 것이다. 개인화 / 배경화(personalization / contextualization)의 과정은 지식을 깨닫는 과정에서 주체가 스스로에게 행하는 '인식론적 투자'이며, 지식을 인지하고 조직하는 개인적 방법과 관련된 것이라고 할 수 있다. 한편, 지식이 표현되고 전달되기 위해서는 조직적인 형태를 갖추어야 한다. 특정 수학 지식에 대한 최초의 사고자는 자신이 그 지식을 이해하는데 기여한 개인적 사고 과정이나 배경을 숨기면서, 자신이 인식한 지식을 형식적으로 표현한다. 이러한 과정이 탈개인화 / 탈배경화(depersonalization / decontextualization)이다. 다시 말해서, 개인화 / 배경화는 개인에게 의미있는 지식이 형성되는 과정이며, 탈개인화 / 탈배경화는 방만하게 확장된 지식이 형식적으로 안정된 상태로 정돈되는 과정을 나타낸다. 개인화 / 배경화는 수학적 지식의 이면에 들어있는 아이디어를 살려내어 다루는 것이며, 탈개인화 / 탈배경화는 이면의 아이디어를 살려낸 지식을 구조적으로 정돈하는 것을 의미한다. 일상적인 수학 교실에서도 개인화/배경화와 탈개인화 / 탈배경화의 과정은 발생한다. 개인화 / 배경화는 '형식적 수학 지식'이라는 뼈대위에 살을 입혀서 수학 지식의 맥락과 의미를 보다 풍부하게 하는 것이며, 탈개인화 / 탈배경화는 여러 가지 맥락과 개인적 의미를 제거함으로써 개인화/배경화된 지식을 형식적인 수학적 지식으로 이해하는 것을 의미한다(황혜정 외, 2016).

하지만 이러한 개인화 / 배경화와 탈개인화 / 탈배경화의 과정이 무시되거나 과대평가 등으로 인해 극단적인 교수학적 현상이 발생하게 된다. 이 극단적 교수학적 현상은 4가지가 있는데, 이는 메타인지적 이동(meta-cognitive shift), 형식적 고착(formal abidance), 토파즈 효과(Topaze effect), 조르단 효과(Jourdain effect)이다. 컴퓨터나 계산기가 도입된 상황을 예로 들어 각각 살펴보자.

1. 메타인지적 이동

메타인지적 이동은 학생의 개인화/배경화의 과정을 용이하게 하기 위해 도입된 교수학적 보조 수단에 학생들의 사고가 집중되는 현상을 의미한다(이경화, 1996). 수학적 지식의 배경화/개인화에 주목한 나머지 교수학적 노력의 초점이 수학적 지식 자체보다는 이를 용이하게 하기 위해 도입된 교수학적 보조수단인 컴퓨터나 계산기로 옮겨가는 것을 말한다(이종영, 1999). 이러한 현상은 학생의 개인화 / 배경화를 지나치게 강조함으로써 나타나는 결과이다.

2. 형식적 고착

형식적 고착은 공식화된 지식의 논리적 표현에만 의존하는 교수 현상으로서, 교수의 개인화 / 배경화 과정을 무시하고 지식의 은유적 사용을 억제하려는 시도로 일어난다. 다시 말해, 형식적 고착이란 메타인지적 이동과 정반대로 개인화 / 배경화 측면을 간과하고 수학적 지식의 형식만을 연습시키는 것을 말한다. 일반화된 공식을 제시하고 그 공식의 의미보다는 학생들이 공식을 익숙하게 사용할 수 있도록 연습시키는 과정에 주목하는 현상을 의미한다(이경화, 1999). CAS 계산기를 사용할 때 명령어만 사용하면 대수식에 관한 배경 지식 없이도, 인수분해, 두 다항식의 곱, 미분, 적분 등의 다양한 계산을 할 수 있다. 즉, 학생들이 개인화/배경화 과정을 무시하고 명령어 등의 형식만을 이용하여 결과를 산출하게 되는 것을 말한다.

3. 토파즈 효과

토파즈 효과는 교사가 가르쳐야 한다는 '교수학적 계약'의 압박 때문에 풀이에 대한 명백한 힌트를 주거나 유도질문을 하거나 문제와 함께 해답을 제시함으로써 학생들이 지식을 구성하는 것을 방해하거나 그러한 학습 환경을 일소하게 되는 것을 말한다(우정호, 2011). 다르게 말해서, 교사가 학생들의 탈개인화/탈배경화를 대신하는 경우 또는 학생들에게 기회를 주지만 명백한 힌트를 제공하거나 부적절한 방법으로 탈개인화/탈배경화를 이끄는 경우이다(김남희 외, 2017). 컴퓨터를 예로 들면, 웹 기반 환경에서 수학적 지식, 과제 등은 HTML이라는 스크립트 언어로 작성되는데, 흔히 문제와 함께 쉽게 도움을 구할 수 있는 힌트 버튼과 정답 버튼이 있어, 학생들이 주어진 과제를 해결하기 위해 심사숙고하기보다는 도움과 정답을 쉽게 구할 수 있기 때문에 학습의 기회가 사라져 버리는 것이다(황혜정 외, 2016).

4. 조르단 효과

학생과 가르치고자 하는 지식에 대하여 토론하기도 어렵고 그렇다고 가르칠 수 없다는 것을 인정하기도 어려운 상황에서 학생의 행동이나 대답이 사실은 평범한 단서나 의미로 야기된 것임에도 불구하고, 교사는 학생의 그러한 반응을 어떤 수학적 지식의 표현으로 받아들이려고 하는 것, 곧 어떤 수학적 지식이 형성되었음을 보여주고 있다고 인정해 버리는 것을 조르단 효과라고 말한다(우정호, 2011). 즉, 학생들의 행동이나 표현이 탈개인화/탈배경화의 핵심을 담고 있지 않는데도 불구하고 그러하다고 과대평가하는 경우이다(김남희 외, 2017). 예를 들면, 컴퓨터 환경에서 학생들이 컴퓨터가 안내하는 대로 특정 조작을 수행하여 원하는 결과를 얻었을 때, 그런 조작 이면에 들어 있는 수학적 개념을 학생들이 이해했다고 할 수 없음에도 불구하고, 학생들이 그 수학적 개념을 이해했다고 판단하는 경우를 말한다(이종영, 1999).

CHAPTER IV

기술공학을 활용한 수학교육

1 EXCEL

1. EXCEL 이란

스프레드시트(Spread sheet)는 수량적 자료처리와 그래픽을 가능하게 한 일종의 통합프로그램으로 계산, 데이터 관리, 그래프(차트), 문서 작성, 통계 분석 등의 기능이 있다. 스프레드시트는 1979년 처음으로 댄 브릭크린(Dan Bricklin)이 만든 VisiCalc에서 출발하여, 1980년대에는 1982년 IBM PC의 Lotus 1-2-3가 많이 사용되었다. 그 후 Excel이 1985년 Apple사의 맥킨토시(Macintosh) 컴퓨터에 처음으로 사용되었고, 1990년대 중반부터 Microsoft사의 윈도우즈 상에서 운영되어 전 세계에서 사용되는 스프레드시트의 90%이상을 차지하게 되었다(권성룡 외, 2009). 이 스프레드시트는 행과 열로 구획된 표의 일종이라고 할 수 있으며 컴퓨터의 신속 정확한 계산처리 능력을 이용하여 산술적 계산이나 서열매김, 결과를 그래프로 그리기 등 데이터 조작을 효율적으로 수행할 수 있도록 설계되어 있다. 또, 스프레드시트 내의 자료들을 계산할 수 있고, 그 결과를 나타낼 수도 있다. 회계사의 회계원장을 전산화한 스프레드시트는 원래 재정적인 정보를 나타내고 다루려는 목적으로 개발된 프로그램이었다(신동선 외, 1999). 하지만 점차 다양한 기능이 갖추어지게 됨으로써 교수 학습과 관련하여 그 응용가능성이 폭넓게 부각되어 왔다(권성룡 외, 2009).

스프레드시트의 기본단위는 셀(cell)이라고 한다. 엑셀에서는 셀 안에 여러 종류의 정보를 입력할 수 있다. 첫째, 계산을 수행할 때에도 처리되지 않은 비수치적인 문자 정보인 문자열을 입력할 수 있다. 이 문자열은 행, 열 또는 엑셀의 다른 부분들을 식별하기 위한 것이다. 둘째, 수치정보를 입력할 수 있다. 수치정보는 평균, 합계와 같은 계산에 이용된다. 셋째, 수식정보를 입력할 수 있다. 수식은 컴퓨터가 하나의 셀이나 한 행에 있는 수치들의 합을 구하는 것과 같이 여러 개의 셀에서 동시에 연산을 하도록 지시하고 수식이 입력된 셀에 결과를 출력하도록 한다(신동선 외, 1999). 엑셀을 이용하면 많은 수학적인 개념과 패턴을 발견해서 응용할 수 있으며, 많은 수학적인 기능들을 훈련할 수 있다. 자료 수집활동을 통해서 수학과 다른 과목을 통합하는 기회를 가지게 되고, 학생들이 관심 있는 주제를 탐구할 수 있으며 동시에 학생들에게 통계, 그래프 그리기, 엑셀사용에 관한 경험을 제공해 줄 수 있다. 엑셀은 이러한 유형의 활동이 요구되는 반복계산을 수행하는 완벽한 도구이다. 엑셀은 사용법을 배우기가 쉬운 일반적인 응용도구이면서도 수학적인 주제나 문제해결 또는 정보를 저장하고 조직하는 데 효율적인 도구 중의 하나이다(신동선 외, 1999).

여러 선행연구에서 제시한 스프레드시트 사용의 특징을 정리하면 다음과 같다(손홍찬, 2015). 첫째, 많은 멀티미디어 교육매체가 교수중심이어서 학생이 수동적 역할을 하는 것에 반해 스프레드시트는 학생 중심 또는 발견 중심의 학습 유형을 촉진하고 구성주의적 학습 환경을 구성한다. 둘째, 스프레드시트를 사용하는 동안 학생 상호간, 교사와 학생, 컴퓨터와 학생의 상호작용이 활발해지고, 문제해결 도구로서 학생에게 산술이나 초기 대수의 영역의 강력한 사고와 전략을 제시한다. 셋째, 스프레드시트 환경에서 학생은 좀 더 상호작용적이고 시각적인 스프레드시트 모델을 만들 수 있고, 이것을 조작할 수 있어서 현상의 다양한 측면을 탐구할 수 있다.

특히, 스프레드시트는 함수 학습을 위해 다중표현 환경을 만들 수 있다. 또한 이러한 환경은 학생들이 이전에 사용할 수 없었던 기술을 가지고 함수를 분석하기 위해 사용되어질 수 있다(Heid, 1995). Excel의 기능에는 자동계산 기능, 차트 기능, 데이터 관리 기능, 메크로 기능 등이 있다. 가장 두드러지는 기능은 자동계산기능으로 300여 가지가 넘는 함수에 의해 기본적인 사칙 연산 및 다양한 함수 계산을 할 수 있고 논리 함수와 반복되는 계산식의 복사 기능 등을 제공한다(손홍찬, 2004). 그리하여, 엑셀을 이용한 통계 학습 자료를 활용하면 통계 학습뿐만 아니라, 함수 단원의 학습에도 도움이 될 것이며, 시각적인 효과를 줌으로써 수학과목 전반에 대한 이해 증진 및 흥미 유발에 큰 도움이 될 것이다(김용균, 1999).

그리하여, 이러한 스프레드시트의 교육적 의의를 간추리면 다음과 같다(류희찬, 2004).

첫째, 공식에 의해서 학습자 개개인의 총점, 평균 등이 자동적으로 순식간에 제시되는 것과 같은 수량 데이터의 신속한 집계 및 산출에 있다.

둘째, 스프레드시트를 사용함으로써 학생들은 복잡하고 지루한 계산보다는 원리와 개념 이해에 보다 많은 학습시간을 사용할 수 있다.

셋째, 계산 과정을 시각화함으로써 오류 수정이 쉽고, 계산 결과를 한 눈에 파악할 수 있으며, 교실에서 표현하기 어려운 그래프를 그려서 문제의 뜻을 좀더 의미 있게 파악할 수 있다.

넷째, 규칙을 찾고 입력하는 과정에서 일반적인 규칙을 기호화할 수 있고 알고리즘이나 모델링을 창출하는데 따른 직관력을 기를 수 있게 하고, 이를 통해 귀납적 추론 능력을 배양할 수 있다.

다섯째, 스프레드시트는 학생들이 수를 계산하거나 조작하는데 방해를 받지 않음으로써 수학문제 해결 관점에 초점을 맞출 수 있다.

이러한 교육적 의의를 가진 스프레드시트는 대수 교육에서 발생하는 문제점을 해결하기 위해 수학교육에서 사용되기 시작했다고 볼 수 있다. 대수 교육에서 발생한 문제점은 다음과 같다(김현주, 2004).

첫째, 학생들의 변수 개념에 대한 이해 부족을 들 수 있다.

둘째, 복잡한 계산은 학생들에게 너무나 많은 시간을 계산에 소모하게 할뿐만 아니라 계산 과정에서 학생들이 오류를 범할 가능성이 높다.

셋째, 실생활에서 모델링할 때 사용될 수 있는 다양한 수학적 상황들을 제한한다.

넷째, 대수에서 큰 비중을 차지하는 함수 학습에서 각 함수의 그래프를 그리거나 그래프를 통해 함수의 성질을 알아내고 다양한 그래프를 한꺼번에 비교하기 힘들다.

대수 교육의 이러한 문제점들은 엑셀이 가지는 다양한 기능들을 이용하여 해결할 수 있다고 보는 것이다. 프레드랜더(Friedlander, 1998; 김현주, 2004, 재인용)는 대수 수업에서 스프레드시트가 다음과 같은 많은 장점을 가진다고 하였다.

1. 스프레드시트는 학생들을 계산과 대수적 조작의 짐으로부터 해방시킨다.
2. 획득 가능한 대수적 개념의 영역을 확장시킨다.
3. 수 세계와 대수 세계사이의 자유로운 움직임을 허락한다.
4. 대수의 사용이 임의가 아니라 자연스러운 요구에 의한 것임을 보이는 환경을 나타낸다.

이를 수학교육과 관련시켜 스프레드시트의 장점을 정리하면 다음과 같다(장경윤, 1997). 첫째, 스프레드시트는 반복적(iterative)이거나 재귀적(recursive) 표, 또는 개념을 알 수 있는 표를 쉽게 만들 수 있게 해 준다. 둘째, 스프레드시트는 알고리즘을 개발하고 사용하며 수학적 문제의 답을 모델링하는데 따른 사용자의 통찰력을 증가시킬 수 있다. 셋째, 스프레드시트는 수를 다루는 번거로움에서 학생들을 자유롭게 해 줌으로써 문제 자체에 집중할 수 있게 해준다. 넷째, 스프레드시트는 한 번 실행된 계산을 스크린 위에서 계속하여 볼 수 있게 해 주며, 한 변수의 값을 바꿈으로써 그 변수의 값이 전체 계산의 패턴에 어떤 영향을 주는지 알 수 있게 해준다. 다섯째, 수량으로 나타난 여러 변수들의 관계를 다양한 그래프로 표현할 수 있게 해 줌으로써 수식과 그래프의 학습에 도움을 줄 수 있다. 여섯째, 자료를 도수분포표나 그래프로 정리할 수 있게 해 주므로 수학적 활동을 실생활에서 얻을 수 있는 복잡한 수량적인 자료들을 표현하는 데까지 확장할 수 있다. 그 외에도 역동성을 지니고 있고, 학생의 자주적인 탐구 활동을 도와준다는 장점이 있다(손홍찬, 2004).

2. EXCEL 활용

1) Excel 화면 및 입력

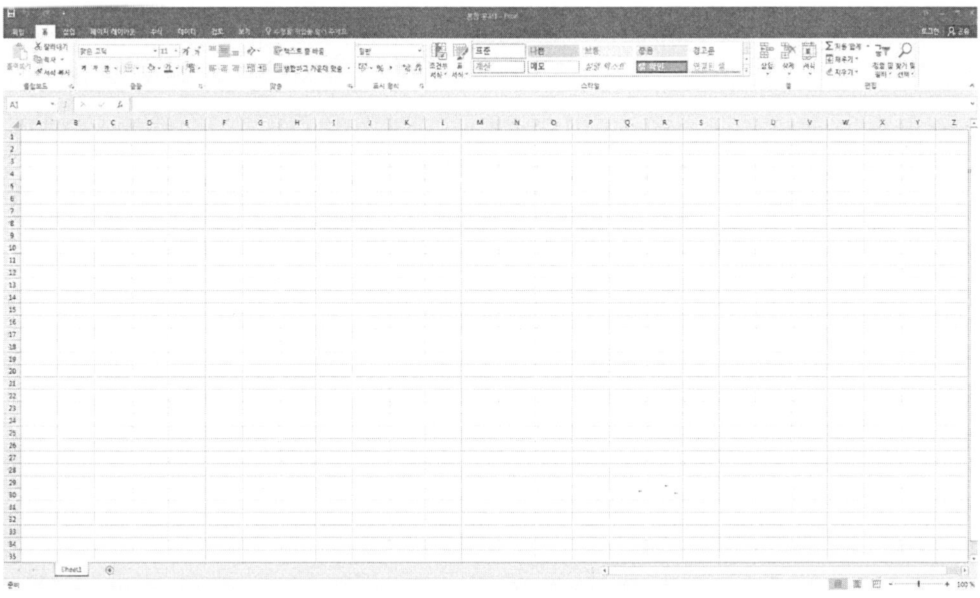

[그림 Ⅳ-1]

[그림 IV-1]은 엑셀의 메인 화면이다. 이는 초기 화면에서 새 통합 문서를 클릭하면 나타난다. 전체적으로 나타나는 화면의 사용은 우리가 일반적으로 사용하는 워드용 소프트웨어 흔글과 동일한 형식을 나타내고 있다. 각각의 칸을 셀이라고 부르는데, 각각의 칸의 이름은 가로축인 영어 먼저, 그 다음은 세로축인 숫자를 쓴다. 즉,

A열 첫 번째 칸은 A1이라고 부른다. 또한 활성화된 칸이 A1일 때, 가로축 알파벳 위의 행의 첫 번째 칸에 AI이 나타난다. 그 다음 칸에 f_x라고 되어 있는데, 이는 우리가 함수를 쓸 때, $f(x)$라고 쓰는 것과 같다고 생각하면 된다. 그 다음 빈칸은 함수의 식을 쓰는 칸이다. 예를 들어, $f(x)=2x+3$이라면 화면에 f_x가 있으니 이 빈칸에는 $=2x+3$이라고 넣으면 된다. 뿐만 아니라 A1셀에 직접 $=2x+3$라고 넣어도 동일하게 나타난다([그림 IV-2]). 이와 달리 숫자를 쓰고 싶을 때에는 등호 없이 그냥 숫자만 넣으면 된다([그림 IV-3]).

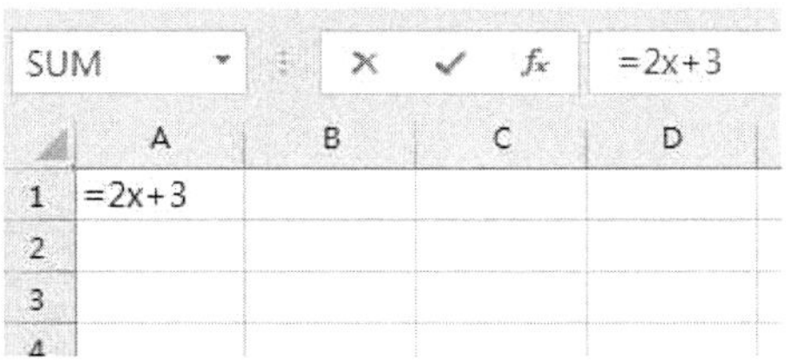

[그림 IV-2]

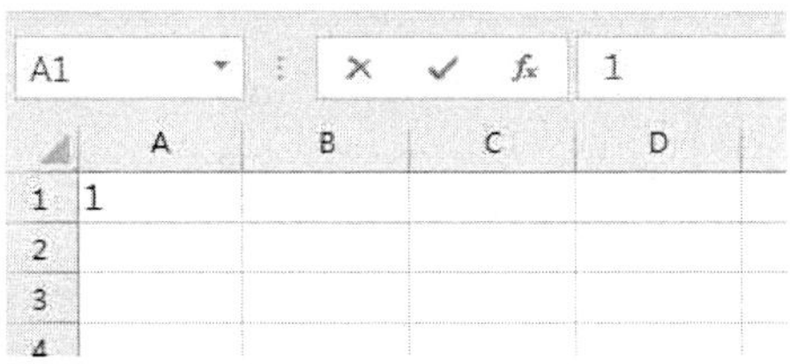

[그림 IV-3]

2) 수열

엑셀은 두 개의 셀만 설정하면 그 두 개의 셀의 숫자를 비교하여 패턴을 만들어 준다. 먼저, 같은 수를 이용할 때를 살펴보자. 만약, 1을 열 개 셀에 입력하고 싶다면, 두 개의 셀에 1을 넣는다([그림 IV-4]). 그 다음에 A1을 클릭해서 A2까지 드래그한다. 그러면 [그림 IV-5]처럼 블록이 설정된다. 이 때, 이 사각형의 오른쪽 아래 꼭지점 부분을 보면 진하게 생긴 정사각형 모양이 있다. 여기에 마우스의 흰 십자가 모양을 가져다 대면 얇은 검은색 십자가 모양이 나타난다. 이 때 클릭해서 A10까지 드래그하면 [그림 IV-6]과 같이 1이 나타난다. 이를 가로로 행하여도 같은 결과를 얻을 수 있다([그림 IV-7], [그림 IV-8]).

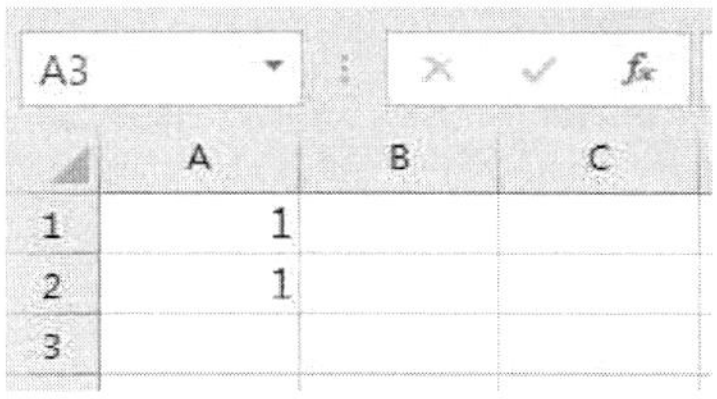

[그림 Ⅳ-4]

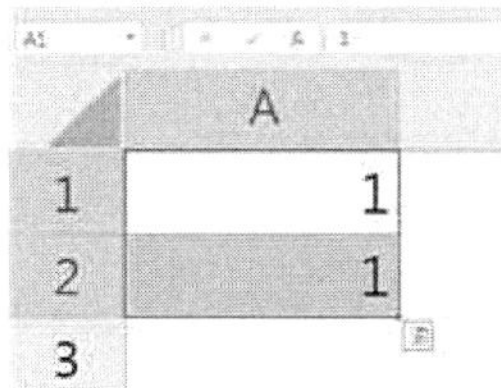

[그림 Ⅳ-5]

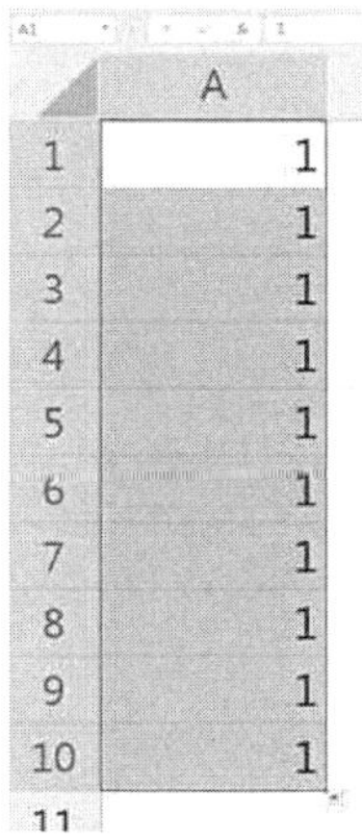

[그림 Ⅳ-6]

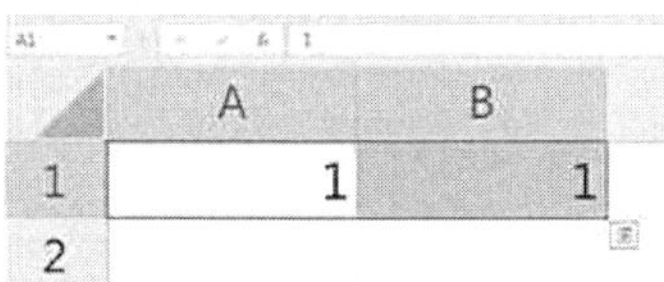

[그림 Ⅳ-7]

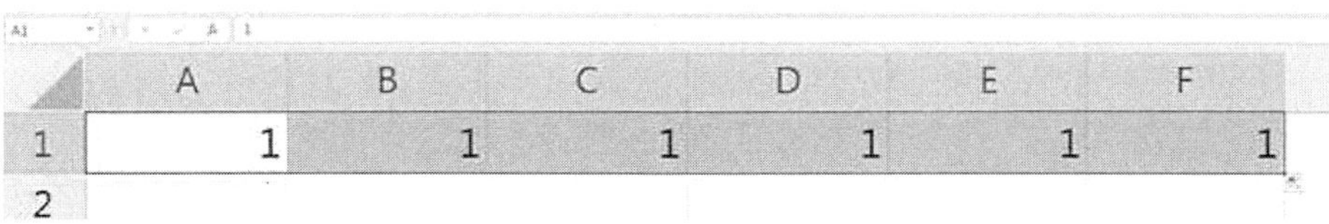

[그림 Ⅳ-8]

다른 예로, 홀수 수열을 넣고 싶을 때는 이전과 마찬가지로 홀수의 처음 수인 1과 3을 셀에 대입한다([그림 IV-9]). 같은 방식으로 드래그하면 된다([그림 IV-10]). 그러면, 이 두 수의 관계를 파악하여 자동으로 홀수를 입력시켜준다. 마찬가지로, 행으로 수행해도 성립한다. 다른 예로 짝수 수열을 넣어보아도 좋을 것이다.

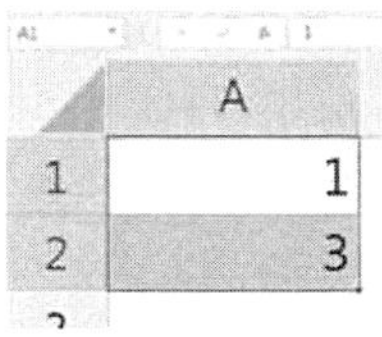

[그림 IV-9]

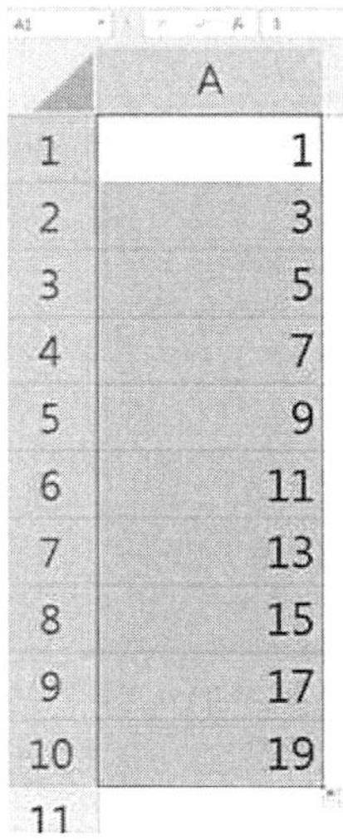

[그림 IV-10]

3) 함수

이제 함수를 대입하여 보자. Excel은 x, 즉, 미지수를 인식하지 못한다. 그래서 항상 x값을 설정하여야 함수값이 나타난다. 앞에서 예로든 $y=2x+3$을 나타내어보자. 우리는 A열에는 x값을 나타내고, B열에는 $y=2x+3$인 함수값을 나타내고자 한다. 먼저 A에 x값을 대입한다. -5부터 5까지 x값을 넣어보자. 앞에서 사용한 수열을 넣는 방식으로 입력한다([그림 IV-11]). 다음 B1에 함수를 대입해야한다. 하지만, x를 인식할 수 없기 때문에 x대신에 x값으로 넣은 A열에 있는 숫자를 넣는다. 그러기 위해서는 A1셀을 클릭하기만 하면 된다. A1셀을 클릭했을 때는 [그림 IV-12]와 같이 나타난다. A1이 무엇을 말하는지 점선으로 셀을 표기하고 있다. 그 다음에 식을 완성하고([그림 IV-13]), 엔터키를 치면 [그림 IV-14]와 같이 나타난다.

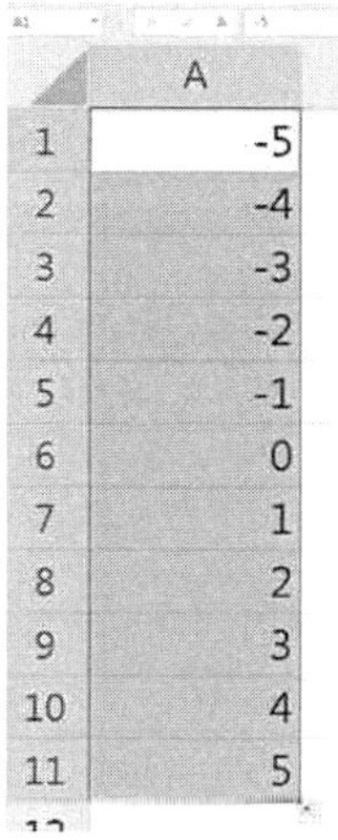

[그림 Ⅳ-11]

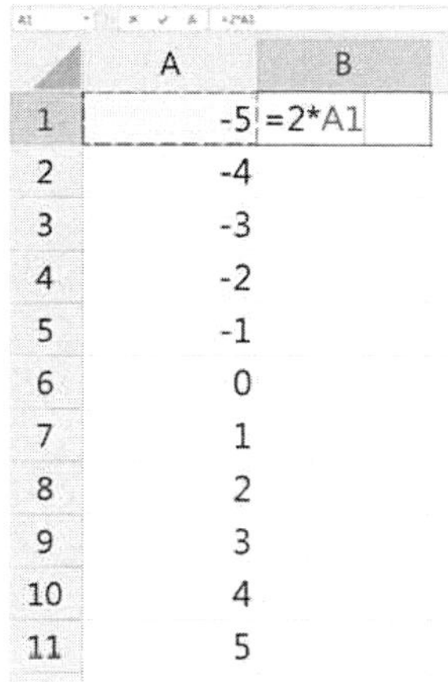

[그림 Ⅳ-12]

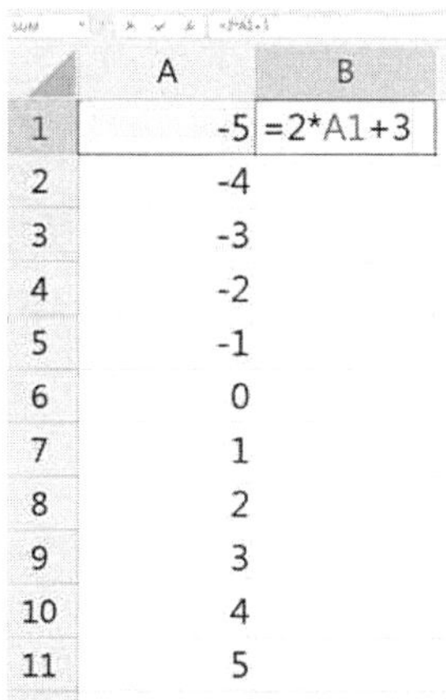

[그림 Ⅳ-13]

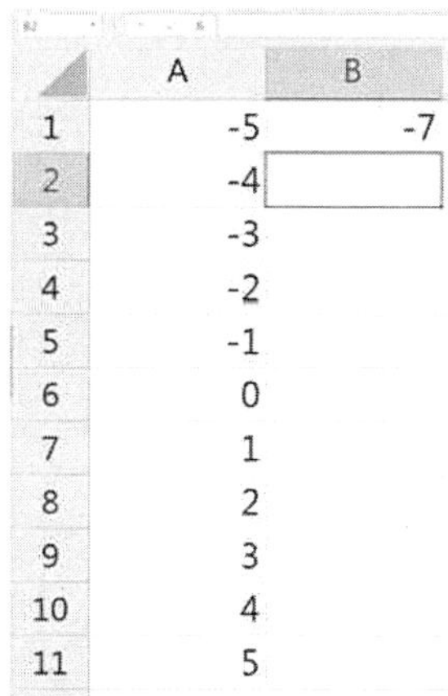

[그림 Ⅳ-14]

이제 B열에 x값에 해당하는 A열의 값을 모두 대입에서 나타내고자 한다. 이전에 수열에서 나타낼 때는 두 개의 셀을 택해서 드래그하면 나타났지만, 함수, 즉, 셀에 식이 들어있을 때에는 하나의 셀만 드래그하면 수열과 같은 형식으로 나타난다([그림 Ⅳ-15]). 이 때, 자동으로 A1대신에 각 셀의 앞의 셀, 즉, B2는 A2, B3는 A3를 대입하여 함수값을 나타낸다. 여기서 더 나아가 C열에 다른 함수를 대입할 수도 있다. 예를 들어, $f(x)=-3x-1$의 값을 C열에 나타내어보자. 이 때, x의 값을 A열의 값으로 대입하여 보자. 방식은 B열을 나타낼 때와 동일하다. 먼저, C열에 식을 대입하고 엔터키를 친다([그림 IV-16]). 그리고 드래그하면 된다([그림 IV-17]). 결과로 숫자들만 나타나기 때문에 어떤 식이 들어있는지 일일이 클릭을 해야 알 수 있다. 하지만 'Ctrl+~'를 하면 원래 어떤 식과 숫자가 들어있는지를 나타내준다([그림 IV-18]). 다시 동일하게 누르면 원래대로 돌아온다.

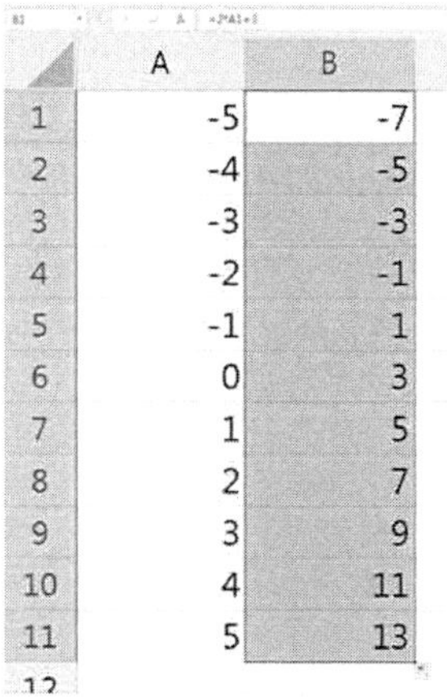

	A	B
1	-5	-7
2	-4	-5
3	-3	-3
4	-2	-1
5	-1	1
6	0	3
7	1	5
8	2	7
9	3	9
10	4	11
11	5	13

[그림 IV–15]

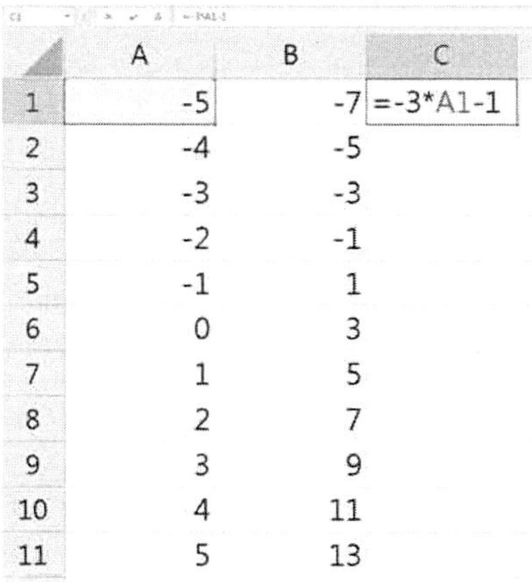

	A	B	C
1	-5	-7	=-3*A1-1
2	-4	-5	
3	-3	-3	
4	-2	-1	
5	-1	1	
6	0	3	
7	1	5	
8	2	7	
9	3	9	
10	4	11	
11	5	13	

[그림 IV–16]

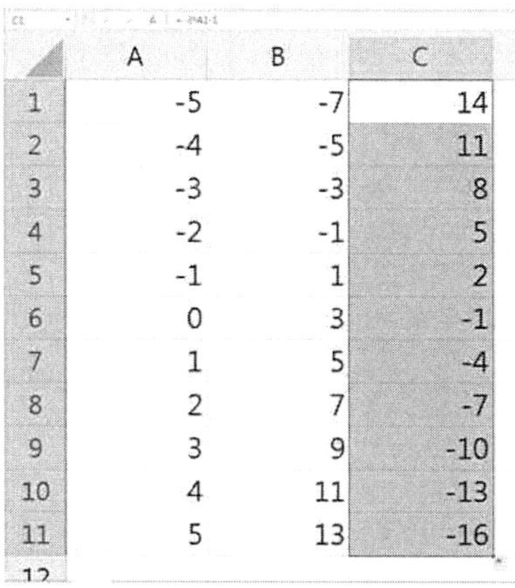

	A	B	C
1	-5	-7	14
2	-4	-5	11
3	-3	-3	8
4	-2	-1	5
5	-1	1	2
6	0	3	-1
7	1	5	-4
8	2	7	-7
9	3	9	-10
10	4	11	-13
11	5	13	-16

[그림 IV–17]

	A	B	C
1	-5	=2*A1+3	=-3*A1-1
2	-4	=2*A2+3	=-3*A2-1
3	-3	=2*A3+3	=-3*A3-1
4	-2	=2*A4+3	=-3*A4-1
5	-1	=2*A5+3	=-3*A5-1
6	0	=2*A6+3	=-3*A6-1
7	1	=2*A7+3	=-3*A7-1
8	2	=2*A8+3	=-3*A8-1
9	3	=2*A9+3	=-3*A9-1
10	4	=2*A10+3	=-3*A10-1
11	5	=2*A11+3	=-3*A11-1

[그림 Ⅳ-18]

4) 간단한 수식과 명령어 사용

(1) 행렬

기본적인 2×2 행렬의 연산을 살펴보자. 먼저, 화면을 행렬과 같이 각 셀이 정사각형을 나타내도록 해보자. 화면에서 가로축과 세로축이 만나는 직각삼각형이 들어있는 사각형을 클릭해보자. 그러면 [그림 IV-19]와 같이 나타난다. 이 때, A와 B사이나 B와 C사이 등의 세로선에 마우스를 가져다대면 세로선 좌우 화살표가 나타난다. 그러면 클릭을 해서 왼쪽으로 당겨서 칸을 줄이면 된다([그림 IV-20]).

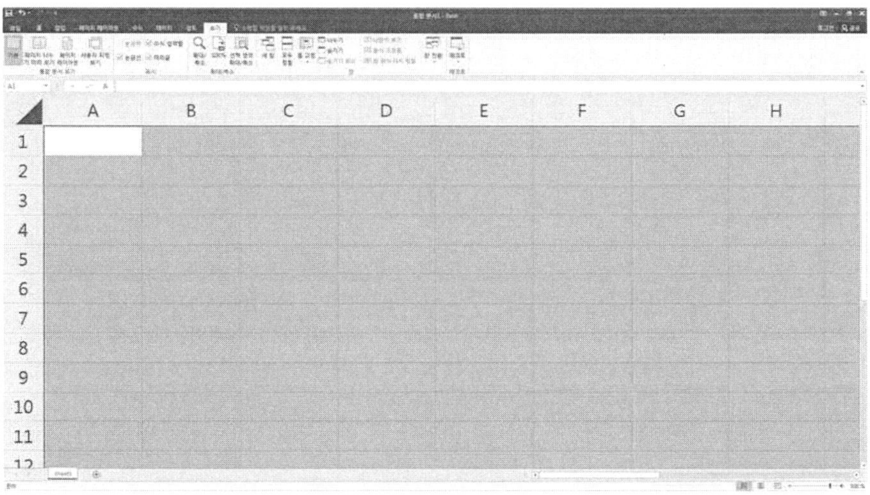

[그림 Ⅳ-19]

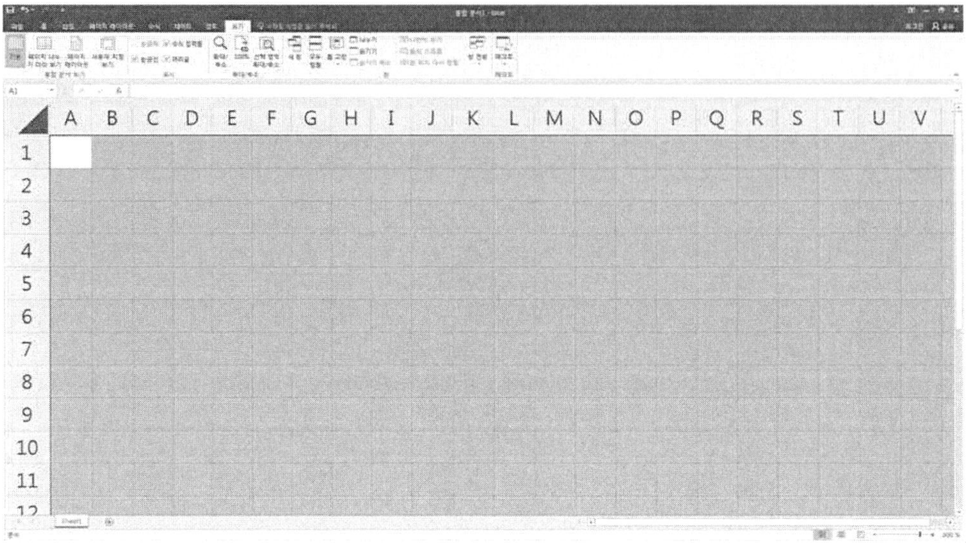

[그림 IV-20]

이제 행렬의 합을 구하여 보자. 예를 들어, $\begin{pmatrix}1&2\\3&4\end{pmatrix}+\begin{pmatrix}5&6\\7&8\end{pmatrix}$을 구하여보자. 먼저, A, B 열에 앞의 행렬을 대입하여 보자([그림 IV-21]). 다음 C열에 + 기호로 합을 구하는 표기를 나타내고, D, E열에 그 다음 행렬을 대입하자([그림 IV-22]). 이제 등호를 대입하고, G, H열에 결과를 나타내어보자. G1은 A1과 D1의 합을 구한 것이니 이를 식으로 나타내면 [그림 IV-23]과 같다. 이렇게 식을 대입하여 엔터키를 치면 값이 나타난다. 각 셀에 행과 열에 맞추어 H1에는 B1과 E1의 합을 구하고, G2에는 A2와 D2의 합, H2에는 B2와 E2의 합을 대입하면 된다. 이들 계산이 익숙해지면 앞에서 함수를 각 셀에 대입하는 것과 같이 G1을 클릭해서 드래그해서 자동으로 2×2 행렬의 값을 채워도 좋다. 뺄셈 역시 하는 방식은 동일하다.

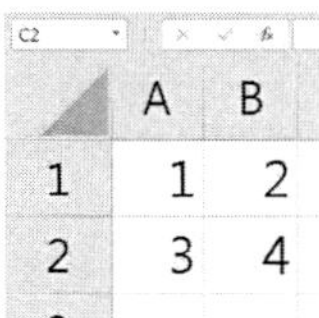

[그림 IV-21]

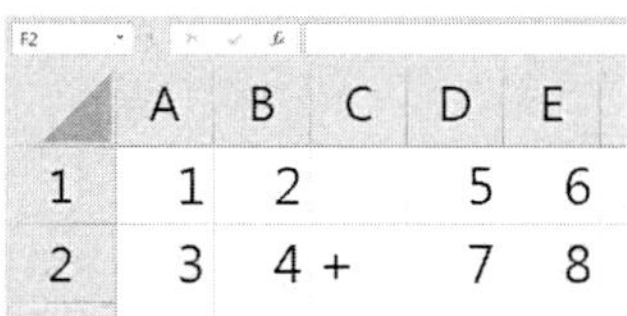

[그림 IV-22]

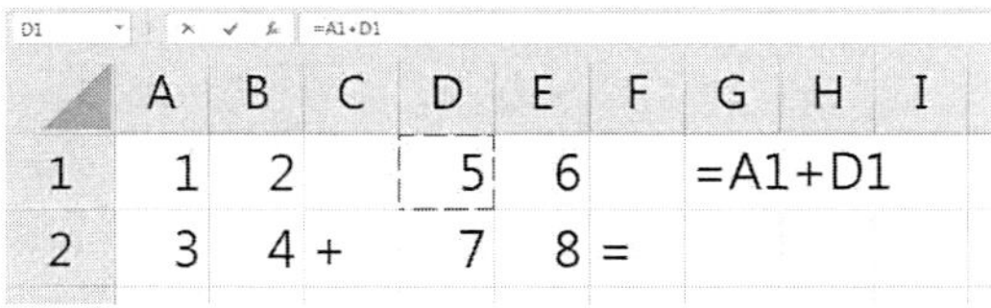

[그림 Ⅳ-23]

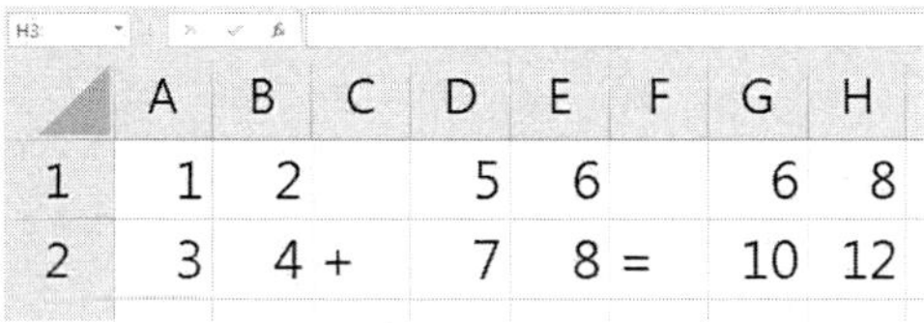

[그림 Ⅳ-24]

행렬의 곱 $\begin{pmatrix}1&2\\3&4\end{pmatrix}\times\begin{pmatrix}5&6\\7&8\end{pmatrix}$도 계산하여 보자. 앞에서 행렬의 합과 마찬가지로 식을 대입한다([그림 IV-25]). 그 다음 G1에 앞 행렬의 첫 행과 뒷 행렬의 첫 열의 곱을 대입한다([그림 IV-26]). 같은 방식으로 모든 성분을 계산하면 [그림 IV-27]과 같이 나타난다. 하지만, 덧셈처럼 GI을 클릭하여 드래그하면, 선택된 셀들이 한 칸씩 이동하게 되면서 빈 셀을 선택하게 되어 식이 성립하지 않는다. 이에 주의가 필요하다.

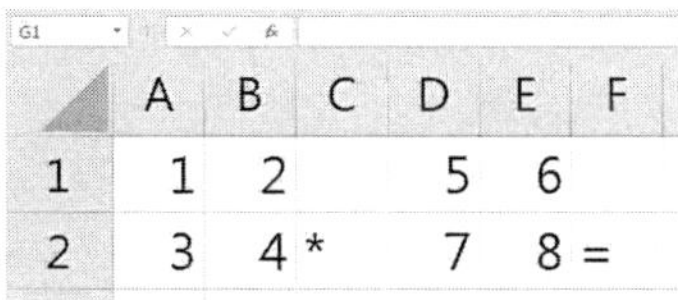

[그림 Ⅳ-25]

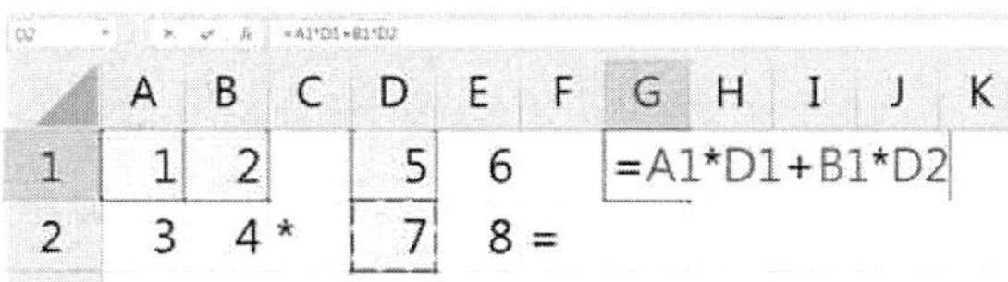

[그림 Ⅳ-26]

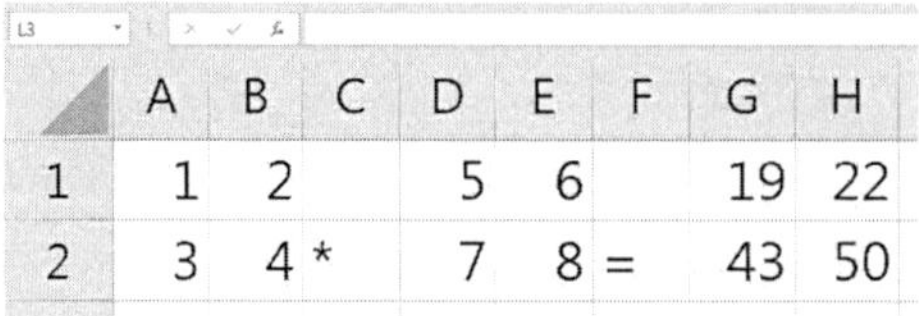

[그림 IV-27]

이렇게 엑셀로 행렬을 만들었을 때의 장점은 [그림 IV-24]나 [그림 IV-27]처럼 만들어놓은 상태에서 앞의 두 행렬의 값을 어떻게 바꾸어도 계산한 행렬의 값이 바로 나타난다는 것이다.

(2) 통계

간단한 계산이나 명령어를 이용하여 합, 평균 등의 간단한 통계를 계산할 수 있다. 주어진 <표 IV-1>에 대해 각 학생들의 총점과 평균, 각 과목의 총점과 평균을 구하여 보자.

〈표 IV-1〉 학생들의 성적

학생	국어	수학	영어
박서준	68	95	80
이병헌	75	82	94
공유	92	70	88
한지민	95	86	73
김혜수	84	77	90

먼저 주어진 표의 내용을 엑셀에 입력한다([그림 IV-28]). 이 때, 직접 입력해도 되지만 흔글과 호환이 되기 때문에, 흔글에서 복사를 해서 엑셀에 붙여넣기를 해도 된다. 그 다음에 우리가 구하고자 하는 총점, 평균을 어디에 쓸 것인지 정하고 항목을 입력한다([그림 IV-29]).

	A	B	C	D
1	학생	국어	수학	영어
2	박서준	68	95	80
3	이병헌	75	82	94
4	공유	92	70	88
5	한지민	95	86	73
6	김혜수	84	77	90

[그림 Ⅳ-28]

	A	B	C	D	E	F
1	학생	국어	수학	영어	총점	평균
2	박서준	68	95	80		
3	이병헌	75	82	94		
4	공유	92	70	88		
5	한지민	95	86	73		
6	김혜수	84	77	90		
7	총점					
8	평균					

[그림 Ⅳ-29]

	A	B	C	D	E	F
1	학생	국어	수학	영어	총점	평균
2	박서준	68	95	80	=B2+C2+D2	
3	이병헌	75	82	94		
4	공유	92	70	88		
5	한지민	95	86	73		
6	김혜수	84	77	90		
7	총점					
8	평균					

[그림 Ⅳ-30]

총점과 평균을 구하는 방법은 두 가지가 있다. 앞에서 흰 상자-검은 상자 원리를 이야기한 것처럼 명령어 없이 구하는 방법과 명령어로 구하는 방법이 있다. 먼저 명령어 없이 수학적 원리로 계산하는 방법을 살펴보자. 총점은 해당하는 값들을 직접 더하는 것이다([그림 IV-30]). 다음 평균은 총점을 과목수 만큼 나누면 된다([그림 IV-31]). 그 다음 학생들을 일일이 구하지 않고 앞에서 같은 값이나 식을 적용해줄 때 드래그 했던 것처럼 총점과 평균 셀을 선택해서 드래그하면 된다([그림 IV-32], [그림 IV-33]). 같은 방법으로 각 과목의 총점과 평균을 구할 수 있다.

	A	B	C	D	E	F
1	학생	국어	수학	영어	총점	평균
2	박서준	68	95	80	243	=E2/3
3	이병헌	75	82	94		
4	공유	92	70	88		
5	한지민	95	86	73		
6	김혜수	84	77	90		
7	총점					
8	평균					

[그림 IV-31]

	A	B	C	D	E	F
1	학생	국어	수학	영어	총점	평균
2	박서준	68	95	80	243	81
3	이병헌	75	82	94		
4	공유	92	70	88		
5	한지민	95	86	73		
6	김혜수	84	77	90		
7	총점					
8	평균					

[그림 IV-32]

	A	B	C	D	E	F
1	학생	국어	수학	영어	총점	평균
2	박서준	68	95	80	243	81
3	이병헌	75	82	94	251	83.66667
4	공유	92	70	88	250	83.33333
5	한지민	95	86	73	254	84.66667
6	김혜수	84	77	90	251	83.66667
7	총점					
8	평균					

[그림 IV-33]

명령어를 사용하는 방법을 살펴보자. 총점은 국어, 영어, 수학을 더하는 것이니 SUM이라는 명령어를 쓰고, 평균은 평균을 영어로 한 AVERAGE를 쓴다. 먼저 총점을 구해보자. SUM이라는 명령어 뒤에 어디서부터 어디까지 더해야하는지를 표기하면 된다. 예를 들어, 박서준의 국어, 수학, 영어 점수를 더한다면, SUM(B2:D2)라고 표기하면 된다. 괄호 안의 : 앞은 시작하는 셀이고, 뒤는 끝나는 셀을 나타낸다. 또는 SUM(다음에 B2부터 D2까지 드래그하면 [그림 IV-34]와 같이 자동으로 괄호 안을 채워준다. 평균도 마찬가지로 국어, 수학, 영어의 평균을 내는 것이므로, AVERAGE(B2:D2)라고 표기하면 된다. 또는 [그림 IV-34]와 마찬가지로 드래그하면 된다([그림 IV-35]). 그 다음은 앞에서 살펴본 것처럼 셀을 클릭한 후 드래그하면 모두 복사가 된다. 그래서 모든 칸을 채우면 [그림 IV-36]과 같이 나타난다.

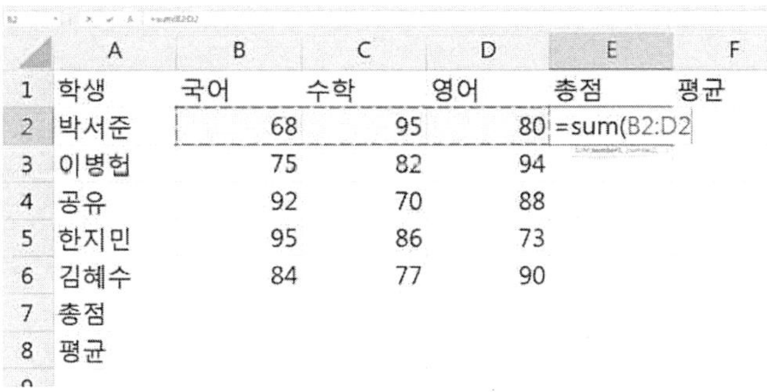

	A	B	C	D	E	F
1	학생	국어	수학	영어	총점	평균
2	박서준	68	95	80	=sum(B2:D2	
3	이병헌	75	82	94		
4	공유	92	70	88		
5	한지민	95	86	73		
6	김혜수	84	77	90		
7	총점					
8	평균					

[그림 IV-34]

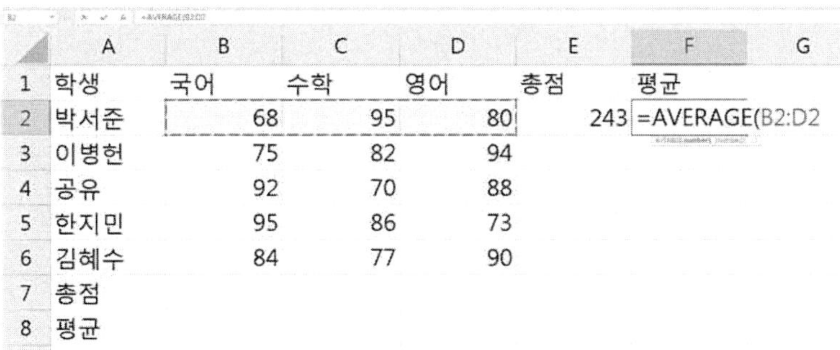

	A	B	C	D	E	F	G
1	학생	국어	수학	영어	총점	평균	
2	박서준	68	95	80	243	=AVERAGE(B2:D2	
3	이병헌	75	82	94			
4	공유	92	70	88			
5	한지민	95	86	73			
6	김혜수	84	77	90			
7	총점						
8	평균						

[그림 IV-35]

	A	B	C	D	E	F
1	학생	국어	수학	영어	총점	평균
2	박서준	68	95	80	243	81
3	이병헌	75	82	94	251	83.66667
4	공유	92	70	88	250	83.33333
5	한지민	95	86	73	254	84.66667
6	김혜수	84	77	90	251	83.66667
7	총점	414	410	425	1249	416.3333
8	평균	82.8	82	85	249.8	83.26667

[그림 IV-36]

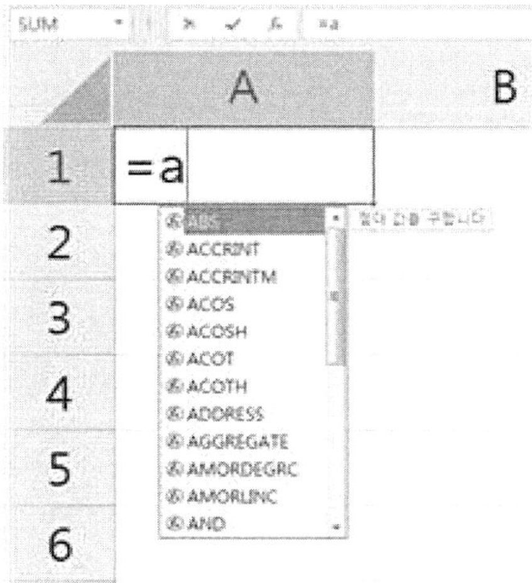

[그림 IV-37]

그 외의 다른 여러 가지 계산을 하기 위한 명령어는 셀에 등호 이후에 알파벳을 치면 다양한 명령어가 뜨고 그에 대한 설명이 나타난다([그림 IV-37]). 그래서 원하는 명령어를 클릭만하면 입력할 수 있다. 그 외의 자세한 명령어에 대한 설명은 인터넷에서 쉽게 자료를 얻을 수 있다.

5) 그래프

앞에서 언급한 함수 $y=2x+3$를 그려보자. 앞에서 언급했듯이 엑셀은 x를 인식하지 못하기 때문에 앞에서와 같이 [-5,5] 범위에서의 $y=2x+3$을 그려보자. 앞에서 살펴보았으니 [그림 IV-38]에서 시작해보자. 먼저 주어진 값들로 블록을 설정한다([그림 IV-39]).

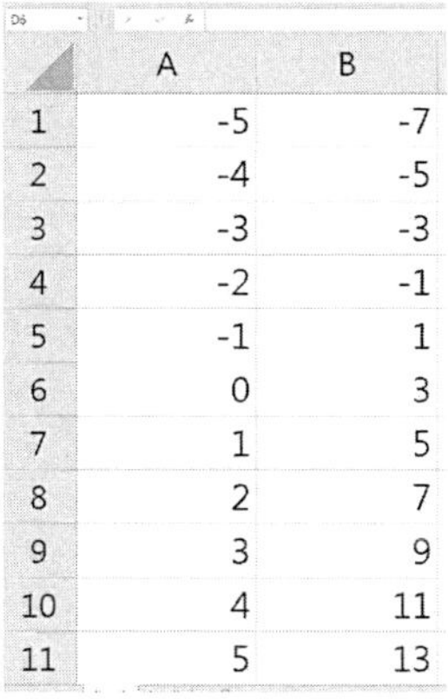

	A	B
1	-5	-7
2	-4	-5
3	-3	-3
4	-2	-1
5	-1	1
6	0	3
7	1	5
8	2	7
9	3	9
10	4	11
11	5	13

[그림 Ⅳ-38]

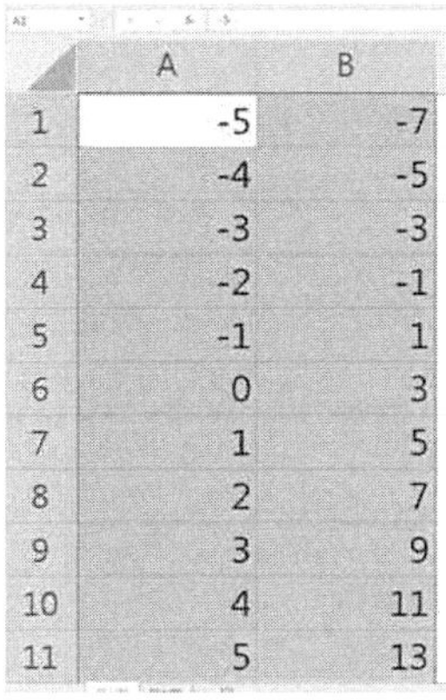

	A	B
1	-5	-7
2	-4	-5
3	-3	-3
4	-2	-1
5	-1	1
6	0	3
7	1	5
8	2	7
9	3	9
10	4	11
11	5	13

[그림 Ⅳ-39]

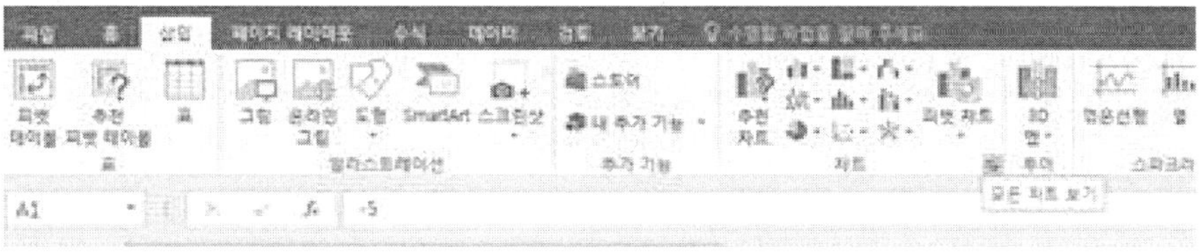

[그림 Ⅳ-40]

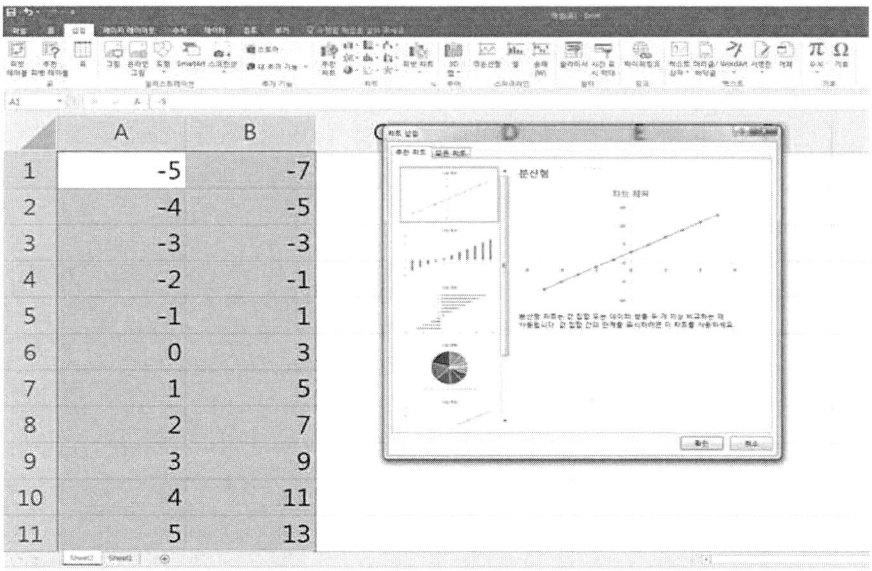

[그림 Ⅳ-41]

그런 다음 **메뉴**바의 **삽입**에서 **차트**의 오른쪽 네모안의 화살표가 그려진 아이콘을 클릭한다([그림 IV-40]). 그러면 [그림 IV-41]처럼 **차트삽입**이라는 새로운 창이 뜨면서 다양한 그래프가 보여진다. 만약 원하는 그래프가 있다면 **메뉴**바에서 바로 원하는 **차트**를 클릭해서 선택하면 된다. **차트삽입**에서 좀 더 다른 다양한 그래프를 보고 싶으면 오른쪽 **모든 차트**를 클릭하면 더 다양한 그래프를 볼 수 있다. 우리가 원하는 1차함수 그래프가 **추천 차트**에 나타나 있으므로 **확인**을 클릭하면 [그림 IV-42]와 같이 나타난다. 여기서 유의해야할 점은 [그림 IV-42]에서 나타나는 것처럼 x값이 -5미만일 때와 5초과일 때 그래프가 나타나지 않는다. 그래서 유한한 그래프로 표기되기 때문에 이에 대한 주의가 필요하다.

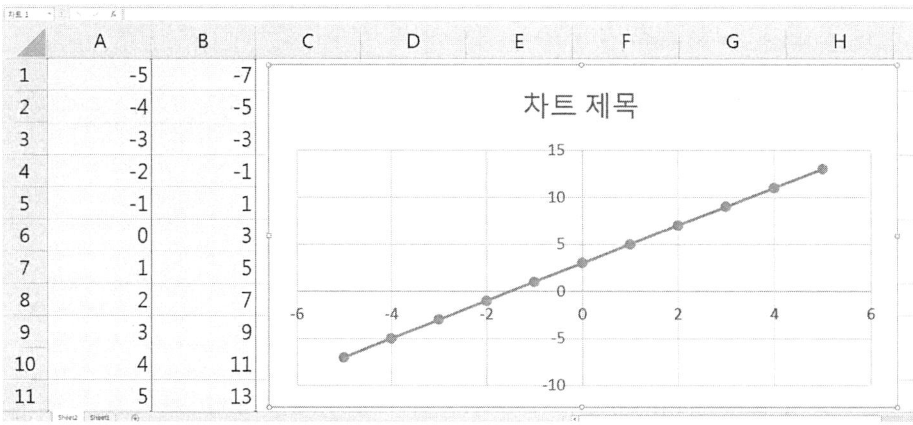

[그림 VI-42]

하지만 엑셀에서 그래프를 그렸을 때의 장점은 왼쪽의 표에서 값을 변화시키면 바로 그래프에 표기가 된다는 것이다. 예를 들어, $x=-4$일 때, y값을 10으로 하고 싶다면, [그림 IV-43]처럼 값을 대입한다. 그러면 [그림 IV-44]처럼 바로 그래프가 바뀌어서 나타난다. '차트 제목'을 더블클릭하면 제목도 수정하여 제시할 수 있다([그림 IV-45]). 뿐만 아니라 오른쪽 아이콘들을 클릭하면 색깔이나 가로축, 세로축 등에 이름도 붙일 수 있다.

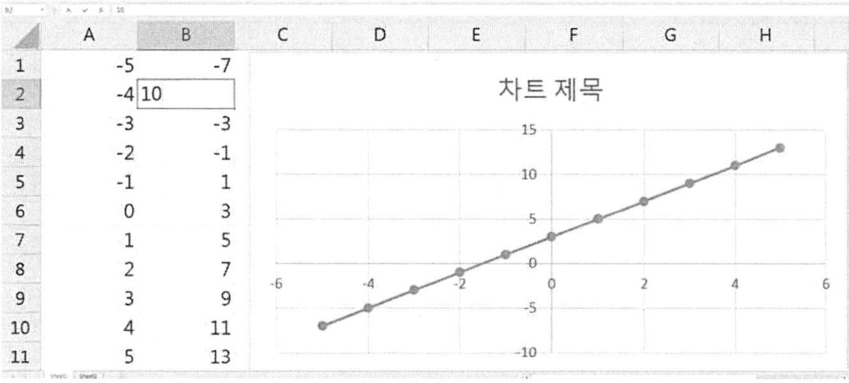

[그림 Ⅳ-43]

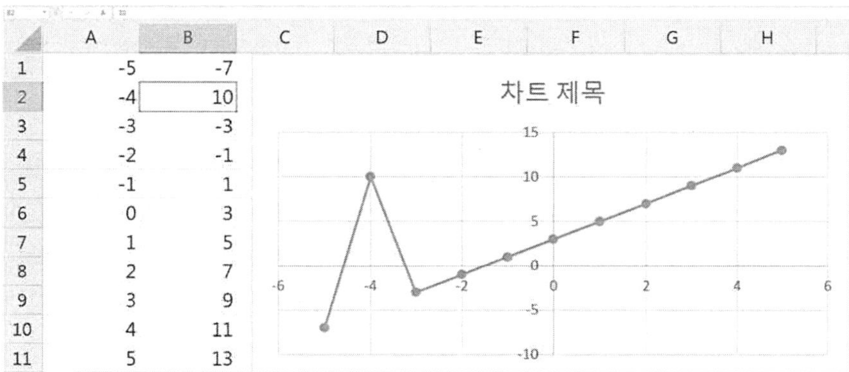

[그림 Ⅳ-44]

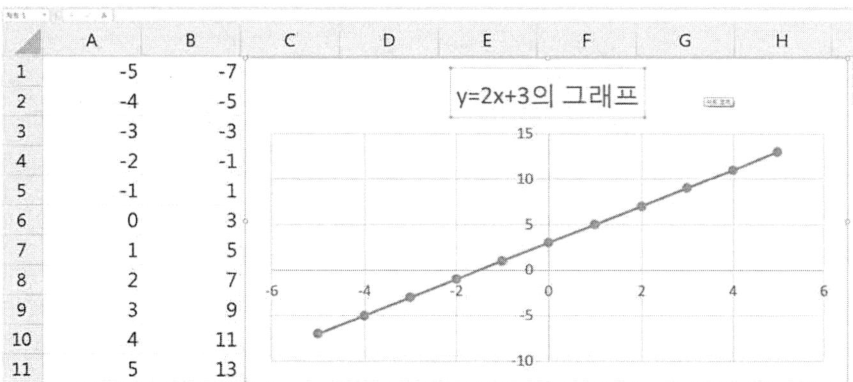

[그림 Ⅳ-45]

6) 여러 가지 문제해결

① 피보나치 수열

1202년 피보나치는 '산반서(Liber abaci)'를 저술하였다. 1228년에는 '산반서 2판'을 저술하였는데, 이 책에 '피보나치의 수열'이 나온다. 피보나치 수열로 직접적으로 등장하는 것이 아니라 다음과 같은 문제의 해결책으로 등장한다(김진호, 김인경, 2010).

> 갓 태어난 암수 한 쌍의 토끼가 있다. 이 토끼는 태어나서 한 달만 지나면 성장해서 어미가 되고, 그 다음 달부터 매월 암수 한 쌍의 토끼를 낳는다. 태어난 한 쌍의 토끼는 생후 두 달이면 마찬가지로 매월 한 쌍의 토끼를 낳는다고 한다. 이와 같이 계속될 때, 열두 달 후 토끼는 몇 쌍이 되겠는가? (단, 토끼는 죽지 않는다.)

여기서 중요한 핵심은 갓 태어난 한 쌍의 토끼는 두 달이 지나면 새로운 새끼 토끼 한 쌍을 낳을 수 있다는 것이다. 그러면 현재의 토끼쌍의 수는 지난 달의 토끼쌍의 수에 새로 태어나는 토끼쌍의 수를 더하는 것이다. 여기서 새로 태어나는 토끼는 두 달 전에 있는 토끼가 낳은 토끼이므로 두 달 전의 토끼쌍의 수를 더하면 되는 것이다. 즉, 현재 토끼쌍의 수는 지난 달의 토끼쌍의 수에 지지난 달 즉, 두 달 전의 토끼쌍의 수를 더하면 된다. 그리하여 수열로 나타내면,

$$1,\ 1,\ 2,\ 3,\ 5,\ 8,\ 13,\ 21,\ 34,\ 55,\ 89,\ \cdots$$

이 된다. 이를 피보나치 수열이라고 부른다. 이를 식으로 나타내면 다음과 같다.

$$a_0 = 1,\ a_1 = 1$$

$$a_n = a_{n-1} + a_{n-2}\ \ (n = 2, 3, 4,\ \cdots)$$

이제 엑셀로 열두 달 뒤의 토끼쌍의 수를 구해보자. 먼저 개월 수와 토끼쌍을 A1,

B1에 입력한다. 그 다음에 12개월까지의 수를 입력하고 주어진 식(a_n)에서도 알 수 있듯이, 태어난 한 쌍(a_0)과 한 달 뒤의 한 쌍(a_1)을 입력한다([그림 IV-46]). 그리고 앞에서 살펴본 것처럼 지난 달의 토끼쌍의 수와 두 달 전의 토끼쌍의 수를 더해 준다([그림 IV-47]). 그 다음 그 셀을 드래그하면 [그림 IV-48]과 같이 나타난다. 그러므로 12달 후의 토끼쌍의 수는 233쌍이 된다.

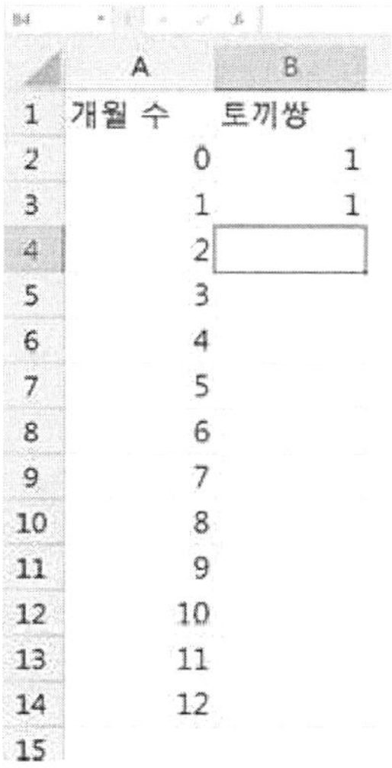

[그림 IV-46]

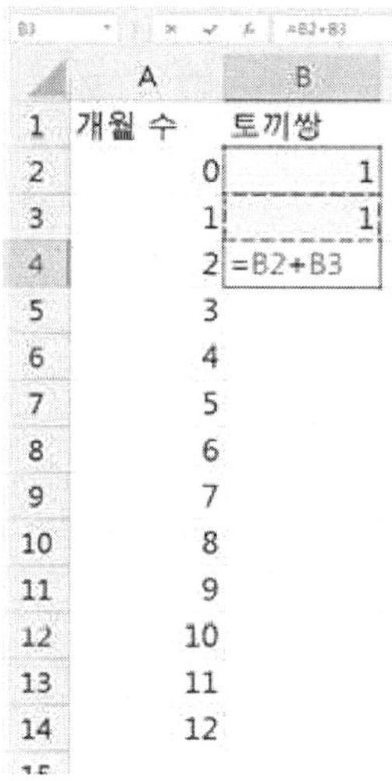

[그림 IV-47]

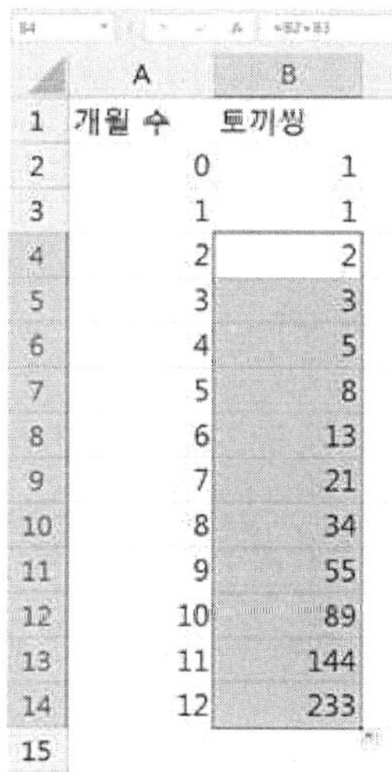

[그림 IV-48]

② 황금분할

원래의 황금분할은 1차원에서 시작되었다. 다음 [그림 IV-49]와 같이 한 선분의 길이를 x라고 했을 때, $x:1$과 $1:x-1$의 비의 값이 동일하게 나오도록 하는 점을 찍을 수 있다. 이 때, x의 값을 방정식으로 풀면 $\dfrac{1+\sqrt{5}}{2}$이 된다. 이 값이 바로 1.618⋯이 되고, 우리는 이 값을 황금비율이라고 부른다. 또, 1.618:1을 황금비라고 부른다. 그리고 이렇게 점으로 선분을 나누는 것을 황금분할이라고 한다.

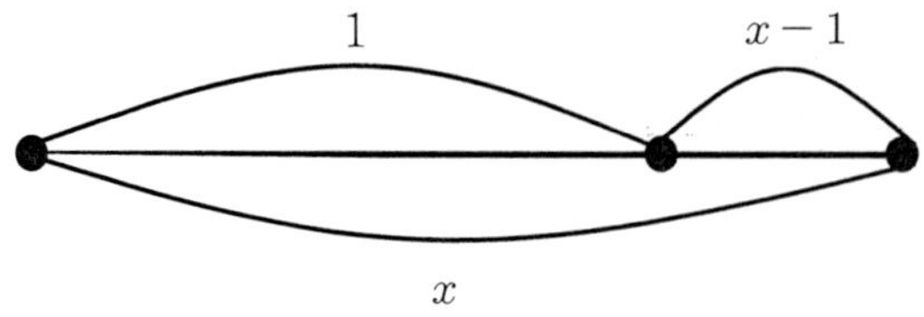

[그림 IV-49]

이를 2차원으로 확대하면 그림과 같은 문제가 된다. '직사각형 ABCD에서 정사각형 ABFE를 떼어낸 □DEFC가 □ABCD와 닮음일 때, x를 구하시오.' 이제 x를 엑셀로 구하여 보자.

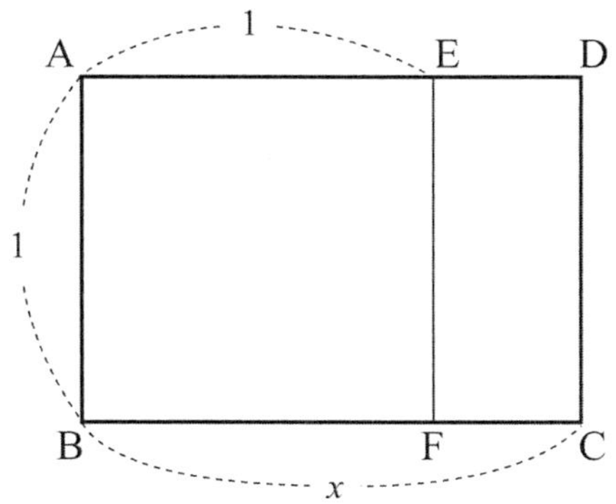

[그림 IV-50]

앞에서 말한 것처럼 엑셀은 x를 인식하지 못한다. 그러므로 일단은 빈칸으로 시작하여야 한다. 그리하여 우리가 알고 있는 것을 입력한다([그림 IV-51]). 큰 직사각형의 긴 변이 x이므로 작은 직사각형의 짧은 변은 $x-1$이 된다([그림 IV-52]). 여기서 엔터키를 치면 [그림 IV-53]처럼 −1의 값이 나온다. 이는 엑셀에서 빈칸으로 두면 0으로 인식하기 때문이다. 닮음비는 정확하게는 사각형끼리의 비이기는 하지만 여기서는 변의 비를 닮음비라고 부르도록 하겠다. 닮음비는 큰 직사각형과 작은 직사각형이 닮아 있으므로 큰 직사각형의 긴 변:짧은 변과 작은 직사각형의 긴 변:짧은 변의 비가 동일하게 나와야 한다. 그래서 변의 비인 긴변:짧은 변은 비율로

긴 변 / 짧은 변이므로 각 셀에 삽입한다([그림 IV-54], [그림 IV-55]).

	A	B	C
1		큰 직사각형	작은 직사각형
2	긴 변		1
3	짧은 변	1	
4	닮음비		

[그림 IV−51]

	A	B	C
1		큰 직사각형	작은 직사각형
2	긴 변		1
3	짧은 변	1	=B2-1
4	닮음비		

[그림 IV−52]

	A	B	C
1		큰 직사각형	작은 직사각형
2	긴 변		1
3	짧은 변	1	-1
4	닮음비		

[그림 IV−53]

	A	B	C
1		큰 직사각형	작은 직사각형
2	긴 변		1
3	짧은 변	1	-1
4	닮음비	=B2/B3	

[그림 IV−54]

	A	B	C
1		큰 직사각형	작은 직사각형
2	긴 변		1
3	짧은 변	1	-1
4	닮음비	0	-1

[그림 IV-55]

[그림 IV-55]와 같이 모든 틀이 완성되면, 큰 직사각형의 긴 변의 값을 어림해서 대입하여 본다. 1을 넣으면 작은 직사각형의 닮음비는 1을 0으로 나누어야 하기 때문에 [그림 IV-56]처럼 0으로 나눌 수 없다는 표기가 나타난다. 그래서 1보다 큰 2을 넣으면 큰 직사각형의 닮음비가 작은 직사각형의 닮음비보다 크기 때문에 큰 직사각형의 긴 변이 2보다 작아야함을 알 수 있다([그림 IV-57]). 1은 안되는 것을 알고 있기 때문에 1.5을 대입하여 보자([그림 IV-58]). 그러면 큰 직사각형의 닮음비가 작은 직사각형의 닮음비보다 작음을 알 수 있다. 그렇다면 큰 직사각형의 긴 변이 1.5보다 커야함을 알 수 있다. 그래서 우리는 x가 2보다는 작고 1.5보다는 크다는 것을 알 수 있다. 이렇게 계속 닮음비 사이의 관계를 따져서 1.618까지 구할 수 있게 되는 것이다([그림 IV-59]). 이러한 활동은 수감각을 익히는데 좋은 활동이 된다.

	A	B	C
1		큰 직사각형	작은 직사각형
2	긴 변	1	1
3	짧은 변	1	0
4	닮음비	1	#DIV/0!

[그림 IV-56]

	A	B	C
1		큰 직사각형	작은 직사각형
2	긴 변	2	1
3	짧은 변	1	1
4	닮음비	2	1

[그림 IV-57]

	A	B	C
1		큰 직사각형	작은 직사각형
2	긴 변	1.5	1
3	짧은 변	1	0.5
4	닮음비	1.5	2

[그림 Ⅳ-58]

	A	B	C
1		큰 직사각형	작은 직사각형
2	긴 변	1.618	1
3	짧은 변	1	0.618
4	닮음비	1.618	1.618122977

[그림 Ⅳ-59]

③ 복사용지

복사용지의 이론적 배경이 되는 도형의 분할부터 살펴보자. 앞의 황금비 문제와 유사하지만 조건이 다르다. 문제는 다음과 같다. '다음 그림에서처럼 작은 직사각형은 큰 직사각형을 절반으로 접어서 만들어진다. 이 때, □ABCD와 □EFDA가 닮음이라면, x는 얼마인가?'

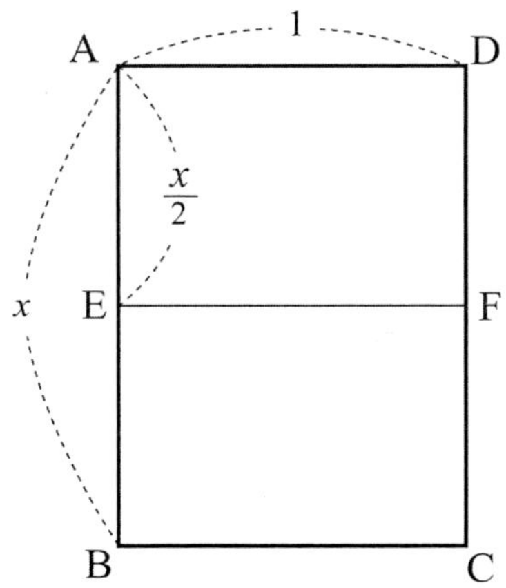

[그림 Ⅳ-60]

황금비 문제와 동일한 형식에 다른 조건을 입력한다([그림 IV-61], [그림 IV-62]). 다른 조건은 작은 직사각형의 짧은 변이 큰 직사각형의 긴 변의 $\frac{1}{2}$과 같다는 것이다.

	A	B	C
1		큰 직사각형	작은 직사각형
2	긴 변		1
3	짧은 변	1	=B2/2
4	닮음비		

[그림 IV-61]

	A	B	C
1		큰 직사각형	작은 직사각형
2	긴 변		1
3	짧은 변	1	0
4	닮음비	0	#DIV/0!

[그림 IV-62]

황금비 문제와 마찬가지로 큰 직사각형의 긴 변의 값들을 입력하여 닮음비가 가장 비슷하게 나오는 값을 찾는다. 그러면 [그림 IV-63]와 같은 값을 얻을 수 있다. 그리하여, $\sqrt{2}$의 값인 1.414…를 얻을 수 있게 되는 것이다.

	A	B	C
1		큰 직사각형	작은 직사각형
2	긴 변	1.414	1
3	짧은 변	1	0.707
4	닮음비	1.414	1.414427157

[그림 IV-63]

왜 이러한 활동이 복사용지의 크기를 구하는 것과 같은지 살펴보자. 우리가 사용하는 복사용지는 편지지를 만들 때 버려지는 종이가 없도록 하기 위해 만들어졌다. 독일 공업규격 위원회(Deutsche Industrie Normen)는 큰 종이를 잘라서 작은 종이를 만드는 과정에서 종이의 낭비를 최소로 줄일 수 있는 종이의 형태와 크기를 제안했다. 적절한 규격을 선택했을 때, 타자지의 절반을 그대로 편지지로 사용하고 편지지의 절반을 그대로 메모지로 사용한다면 종이를 많이 절약할 수 있을 것이라고 여겨 등장한 것이 A4용지이다.[5] 넓이가 $1m^2$인 종이로 크기가 1189mm×841mm인 종이는 일반적으로 우리가 전지라 부르는 A0이고, 전지를 반으로 접어 포갠 후 자르면 두 장의 2절지를 얻는다. 이것을 A1이라고 부르고, 다시 2절지를 반을 접어서 자르면 2장의 4절지가 나온다. 이렇게 반복하여 전지를 4번 접으면 16절지를 얻을 수 있다. 즉, 16절지는 전지의 $\frac{1}{16}=\frac{1}{2^4}$이다. 그리고 이 16절지(297mm×210mm)가 우리가 자주 사용하는 A4 용지인 것이다. B4는 일본에서 만들어진 것으로, 넓이가 $1.5m^2$이고 크기가 1456mm×1030mm가 되는 B0에서 얻은 것이다. A0에서 A4를 얻을 수 있는 것처럼 같은 방식으로 B0를 4번 접으면 257mm×364mm인 B4가 나타난다. B4의 크기 역시 B0의 $\frac{1}{16}=\frac{1}{2^4}$이다.

5) http://user.chollian.net/~k62827/story6.htm
http://kdaq.empas.com/dbdic/db_view.jsp?ps=src&num=3530516

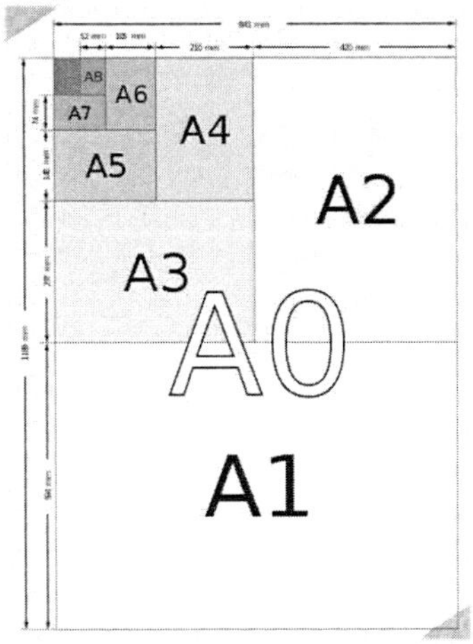

[그림 IV-64]

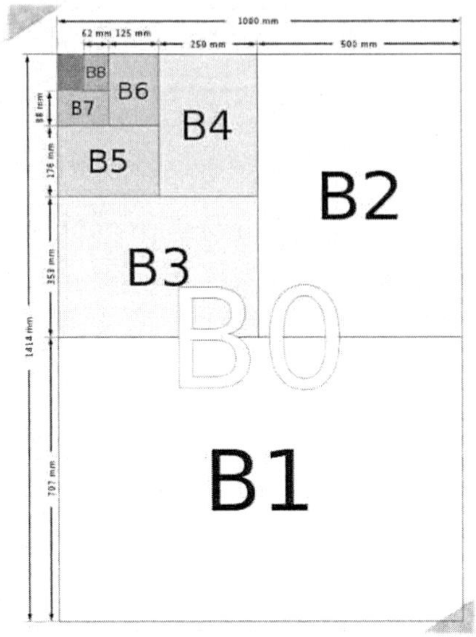

[그림 IV-65] 6)

실제로 그런지 살펴보자. 우리는 앞에서 이러한 복사용지가 되기 위해서 긴 변: 짧은 변의 비가 1.414⋯ : 1, 즉, $\sqrt{2}:1$이라는 것을 알았다. 그러므로 [그림 IV-66] 처럼 긴 변의 길이는 짧은 변의 길이에 $\sqrt{2}$배라고 입력한다. sqrt는 제곱근을 구하는 명령어이다. 2 다음에 A0의 넓이를 구한다([그림 IV-67]). 짧은 변의 길이를 조정하여 A0의 넓이인 1이 되도록 맞춘다. 짧은 변의 길이가 1일 때, 넓이가 1보다 크므로 1보다 작은 값임을 알 수 있다([그림 IV-68]). 그래서 점점 작은 값을 대입시키면 0.841007까지 구할 수 있다([그림 IV-69]).

6) https://blog.naver.com/colorcolortek7537/221338119416

	A	B	C
1	종이 크기	긴 변	짧은 변
2	A0	=sqrt(2)*C2	
3	A1		
4	A2		
5	A3		
6	A4		
7	A5		
8	A6		
9	A7		
10	A8		
11	A9		

[그림 IV-66]

	A	B	C	D
1	종이 크기	긴 변	짧은 변	넓이
2	A0	0		=B2*C2
3	A1			
4	A2			
5	A3			
6	A4			
7	A5			
8	A6			
9	A7			
10	A8			
11	A9			

[그림 IV-67]

	A	B	C	D
1	종이 크기	긴 변	짧은 변	넓이
2	A0	1.414214	1	1.414214
3	A1			
4	A2			
5	A3			
6	A4			
7	A5			
8	A6			
9	A7			
10	A8			
11	A9			

[그림 IV-68]

	A	B	C	D
1	종이 크기	긴 변	짧은 변	넓이
2	A0	1.189364	0.841007	1.000263
3	A1			
4	A2			
5	A3			
6	A4			
7	A5			
8	A6			
9	A7			
10	A8			
11	A9			

[그림 IV-69]

	A	B	C	D
1	종이 크기	긴 변	짧은 변	넓이
2	A0	1.189364	0.841007	1.000263
3	A1	=C2		
4	A2			
5	A3			
6	A4			
7	A5			
8	A6			
9	A7			
10	A8			
11	A9			

[그림 IV-70]

	A	B	C	D
1	종이 크기	긴 변	짧은 변	넓이
2	A0	1.189364	0.841007	1.000263
3	A1	0.841007	=B2/2	
4	A2			
5	A3			
6	A4			
7	A5			
8	A6			
9	A7			
10	A8			
11	A9			

[그림 IV-71]

A1의 긴 변의 길이는 A0의 짧은 변의 길이와 같고([그림 IV-70]), A1의 짧은 변의 길이는 A0의 긴 변의 길이의 반이 된다([그림 IV-71]). 이를 반복하여 적용하면, A4의 긴 변의 길이와 짧은 변의 길이가 297mm와 210mm임을 알 수 있다([그림 IV-72]).

	A	B	C	D
1	종이 크기	긴 변	짧은 변	넓이
2	A0	1.189364	0.841007	1.000263
3	A1	0.841007	0.594682	
4	A2	0.594682	0.420504	
5	A3	0.420504	0.297341	
6	A4	0.297341	0.210252	
7	A5	0.210252	0.14867	
8	A6	0.14867	0.105126	
9	A7	0.105126	0.074335	
10	A8	0.074335	0.052563	
11	A9	0.052563	0.037168	

[그림 IV-72]

2 GSP

1. GSP 란

GSP(Geometer's Sketchpad)는 미국과학재단(National Science Foundation)의 지원으로 Swarthmore 대학의 Klotz 박사와 Moravian 대학의 Schattschneider 박사가 주도한 시각적 기하학 프로젝트(Visual Geometry Project) 사업의 일환으로 개발된 동적 기하 소프트웨어(Dynamic Geometric Software)의 한 종류이다. 동적기하 소프트웨어가 가지는 동적인 환경의 특성으로는 직접적인 조작, 연속적인 움직임, 몰입적인 환경을 들 수 있다. 여기서, 직접적인 조작이란 사용자가 스크린 상의 한 대상을 선택하여 직접 움직여볼 수 있음을 의미하며, 조작을 통해 스크린 상에 보여지는 대상과 그 이면에 숨겨진 수학적 의미 사이의 인식 거리를 좁힐 수 있다. 동적인 환경의 두 번째 특성으로 제시된 연속적인 움직임이란 '드래그(drag)' 하는 동안에 일어나는 변화와 관련된 것으로, 드래그 하는 동안에 스크린 상의 수학적 대상들이 항상 논리적인 관련성과 전체 모양을 유지하면서 움직여질 뿐만 아니라, 대상들이 변하는 중간상태를 사용자가 모두 볼 수 있음을 의미한다(류희찬, 2004b). 컴퓨터 화면에 나타나는 그림의 요소들을 마우스로 끄는 과정이 바로 딘즈(Dienes)가 주장하는 '수학적 다양성의 원리'에 부합한다고 할 수 있다(김남희 외, 2017). 몰입적인 환경이란 사용자의 초점이 작도를 위한 기술적 방법보다는 수학적 목표를 달성하는 방법에 맞추어질 수 있도록 하는 환경을 말한다(류희찬, 2004b). 이러한 동적인 환경을 가진 기하용 소프트웨어의 특징은 다음과 같다(신동선 외, 1999). 첫째, 기하학적 도형을 쉽게 작도할 수 있을 뿐만 아니라 쉽게 변형할 수도 있다. 둘째, 측정뿐만 아니라 비교하고 측정결과를 기록해 놓을 수도 있다. 셋째, 특정 도형 위에 시행한 사용자의 작도를 갈무리하여 원래의 도형과 같은 종류의 다른 도형들 위에서 이를 되풀이할 수 있다. 이러한 동적 기하를 사용한 소프트웨어의 종류는 GSP, Cabri, Livemath, Mathematica 등이 있다.

GSP는 섬, 선, 원 등의 기본적인 작도 뿐 아니라 평행이동, 회전이동, 닮음변환, 선대칭이동 등의 변환, 함수 그래프 그리기, 자취 남기기와 애니메이션 등의 다양한 기능을 갖추고 있으며 스크립트와 매크로 기능을 이용하여 그릴 수도 있다(김남희 외, 2008). 1991년 GSP 프로그램이 출시된 이래, 1992년에는 GSP 2.0 버전이 나왔으며, 1995년에는 GSP 3.0 버전이 출시되어 분석적인 그래프 기능이 강화되었다. 2001년에 출시된 GSP 4.0 버전은 대수학, 미적분학 수업에서 프로그램의 유용성을 더욱 확장시켰으며, 사용자의 편의성을 증대시켜 저학년에서의 사용도 가능하게 하였다. 2002년 12월 한글판 GSP 4.0이 번역되어 출시되었다(권성룡 외, 2009). 현재 최신판인 2011년에 출시된 한글판 GSP 5.03을 사용하여 활용부분을 제시할 것이다. 현재는 5.06버전까지 출시되었다. Cabri의 경우 1989년 출시 이후, 워크숍이나 세미나를 통해 문제제시와 문제해결에 활용, 효과검증 연구, 보급의 확대 및 수학수업에 단계를 거쳐, 2000년 프랑스 중등 수학교육과정에 통합되기까지 10여년의 세월이 소요되었다(Laborde & Laborde, 2008; 장경윤, 2015, 재인용). 현재 Cabri II plus까지 출시되었다.

이제 GSP에 대해 자세히 살펴보자. 먼저, GSP의 특징을 요약하면 다음과 같다(권성룡 외, 2009). 첫째, 기하를 직관적으로 쉽게 이해시킬 수 있다. 둘째, GSP는 능동적 조작활동을 통해 동적인 기하적 사실과 원리를 탐구할 수 있는 학습환경을 제공한다. 간단한 마우스 조작을 통해 도형의 모양이나 크기, 각도, 위치 등을 자유롭게 변형시켜 봄으로써 학생들이 스스로 발견하고 탐구할 수 있게 해 준다. 셋째, GSP는 도형을 편리하게 그려주는 도구일 뿐 아니라 직선, 원, 타원과 같은 기본 도형에 대한 좌표와 수식까지도 보여줄 수 있다. 넷째, 학습자가 평면기하의 성질을 충분히 이해한 다음 연역적인 증명이 필요한데, 이때에도 GSP는 정확한 그림을 제공하여 증명이나 문제 풀이에 필요한 정보를 제공하게 한다. 다섯째, GSP에서 제공되는 직교좌표계와 극좌표계를 통하여 평면기하의 여러 가지 성질에 대한 해석기하적 접근이 가능하다.

앞에서 EXCEL이 대수 교육의 문제점을 해결하는데 도입이 되었다면, GSP는 현재 기하 교육의 문제점을 해결하는 데 큰 도움이 된다. 현재 학교 기하교육의 문제점은 다음의 세 가지로 정리할 수 있다. 첫째, 중학교 2, 3학년의 경우 Euclid기하의 형식적인 연역적 증명 능력을 향상시키는데 초점을 두고 있지만 논증기하에서의 학생들의 성취도는 다른 어떤 지도 내용에 비해 낮다는 점이다. 둘째, 증명 활동이 종합적인 방법만 다루어지고 있다(류희찬, 2004a). 학생들이 기하학습에서 겪는 곤란은 많은 경우 기하 시간에 학생들의 활동을 배제한 채, 교사에 의한 일방적인 설명식 방법을 통해 수업을 전개하는데 그 원인이 있다(권성룡 외, 2009). 셋째, 유클리드기하의 형식적인 취급만이 학교기하의 초점이 되어 왔다는 점이다. 기하의 주된 목적은 학생들의 기하학적 직관을 키우고 논리적 추론능력을 향상시키는 데 있다(신동선 외, 1999). 하지만 현재 기하교육은 형식적인 면만 취급하고 있어 직관력이나 추론능력을 키울 수 없다는 것이다. 기하학적 개념이나 원리들이 학생들에게 의미있게 하기 위해서는 연역 이전에 학생들이 지식을 귀납적으로 탐구하는 구성의 과정이 필요하다. 이런 탐구 활동을 도와줄 수 있는 프로그램이 GSP

이다(권성룡 외, 2009).

GSP와 같은 기하소프트웨어를 통해 학습이 이루어진다면 구체물 조작에 따른 시간적·공간적 제약 및 도형의 측정에 따르는 부정확성, 과다한 시간 소비, 기하학적 지식을 연역적 체계에 따라 자신의 관점에서 기계적으로 가르치는 교사 등과 같은 전통적인 기하학습에서 발생하는 문제점에서 탈피하여 학생과 함께 조작하고 사고해보는 탐구중심의 학습을 이끌 수 있으며, 학생들이 내적으로 기대하는 도형의 성질을 추측하고 그것을 화면을 통해 즉시 확인해보는 과정에서 추론 능력과 직관적인 사고력을 향상시킬 수 있을 것이다(류희찬, 2004a). 즉, 도형을 마음대로 조작할 수 있기 때문에 학생들의 시각적 직관력이나 공간추론 능력을 키우는 데 도움이 된다는 것이다(이중권, 2015).

GSP와 같은 탐구형 소프트웨어의 장점은 다음과 같다(류희찬, 2004b). 첫째, 동적인 평면기하의 성질을 정적인 상태의 인쇄 매체, 칠판에서의 강의 등을 통하여 지도할 때보다 더욱 확실하게 이해시킬 수 있다. 둘째, 학생들의 흥미를 자극하여 학습에 대한 욕구를 유발하고, 학습자의 능동적인 참여를 유도할 수 있다. 셋째, 탐구형 소프트웨어를 활용한 탐구를 통해 기하학적 내용을 추측하거나 확인할 기회를 제공하거나 제공받을 수 있으며, 이를 통해, 추측하거나 확인한 사실을 정당화하고자 하는 요구, 즉, 증명의 필요성을 느끼게 할 수 있다. 또한 이러한 활동은 기하교육의 목표 중 하나인 사고력 증진과 추론 능력의 향상에 많은 도움을 줄 수 있다. 넷째, 기하학을 학습하는 과정에서 새로운 사실을 발견하고, 다양한 기하 문제에 대한 탐구가 가능하다. 다섯째, 평면기하의 여러 가지 성질에 대한 다양한 접근은 물론 대수와 기하, 예술과 기하 사이의 연결이 자연스럽게 제시될 수 있다.

사용기간이 한시적이고 저장이 불가능하지만, GSP를 무료로 다운받아서 사용할 수 있다. GSP 홈페이지인 http://www.dynamicgeometry.com/에서 화면 오른쪽 세로 메뉴 중 맨 위에 Most Recent Version 5.06이라고 제시된 곳이다. 여기를 들어가면 다양한 버전과 가이드를 제공하고 있다. 또는 홈페이지의 가로 메뉴바에서 JavaSketchpad에 들어가면 Version 5.01 JavaSketchpad Applet을 무료로 다운받아서 쓸 수 있다.

2. GSP 활용

1) GSP 소프트웨어 소개

GSP를 열면 다음 [그림 IV-73]과 같은 화면이 나타난다. 이 때, 흰 바탕화면을 클릭하거나 그대로 두면 버전 소개 화면이 사라지고 [그림 IV-74]와 같은 화면이 나타난다.

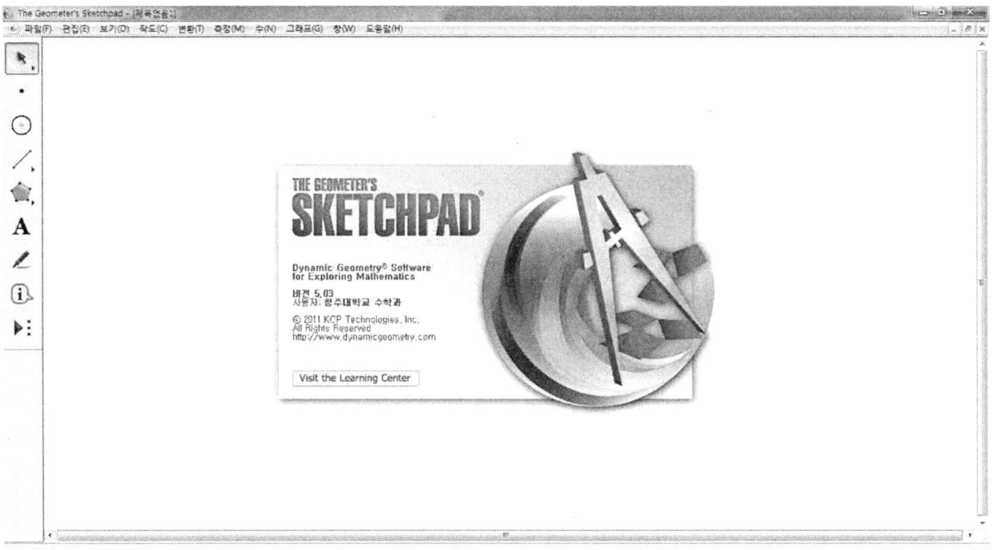

[그림 IV-73] GSP 초기 화면

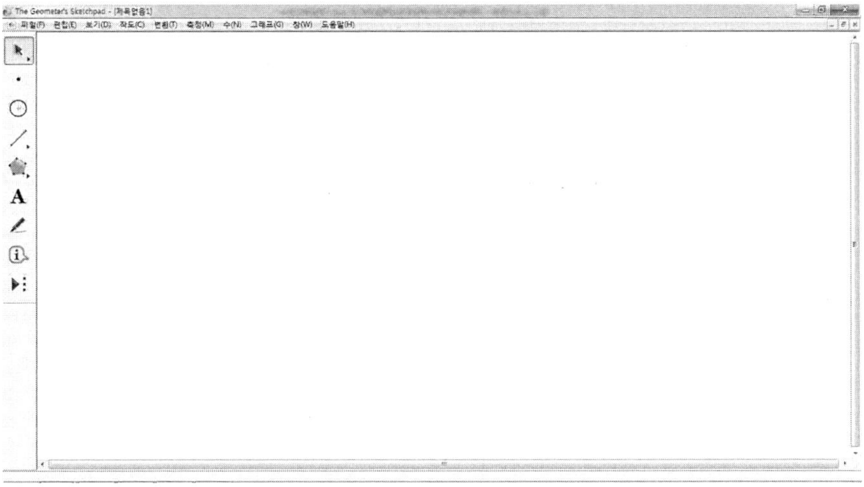

[그림 IV-74]

먼저 화면의 왼쪽 세로에 있는 아이콘들을 살펴보자. 이 아이콘들이 가장 많이 사용된다. [그림 IV-74]에서 까만색 화살표 모양을 클릭하면 화면에 까만 화살표가 나타나는데, 기능은 점, 선, 면, 도형 등을 선택하거나 드래그할 수 있다. 그 다음 아이콘인 점은 말그대로 점을 찍을 수 있다. 그리고 활성화시킨 점은 [그림 IV-75]처럼 그 점이 좀 더 크게 다른 색으로 표현된다.

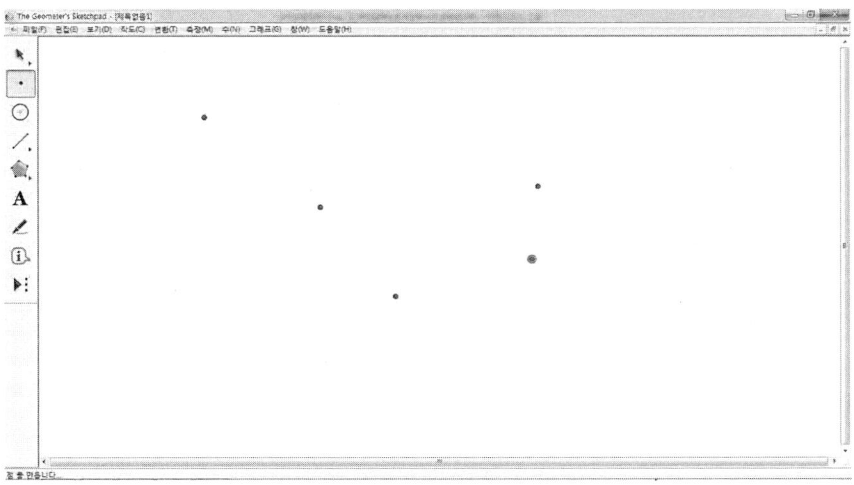

[그림 IV-75]

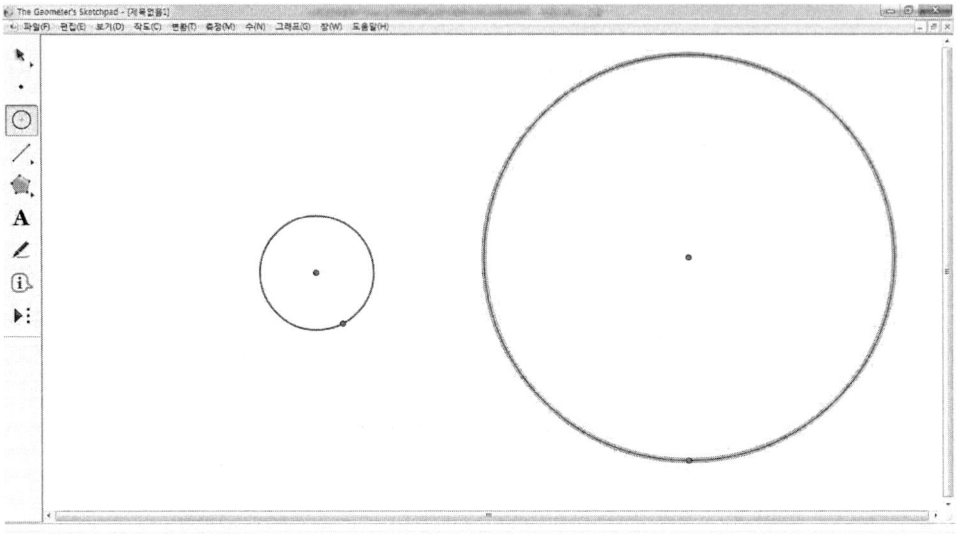

[그림 Ⅳ-76]

다음 아이콘인 원모양은 원을 그리는 도구이다. 처음 클릭을 하면 원의 중심점이 표기되고 드래그하면 원이 나타난다. 원하는 크기의 원이 만들어지면 클릭한 손가락을 떼면 된다. 원에서도 활성화되면 두꺼운 분홍색선으로 표기가 된다.

네 번째 선분 모양을 클릭한 상태에는 [그림 IV-77]처럼 네 가지 선의 종류가 나타난다. 맨 왼쪽의 모양은 선택된 선을 나타내고, 오른쪽 세 가지 선의 모양은 순서대로 선분, 반직선, 직선이다. 반직선을 선택하고 싶으면 반직선을 클릭하고, 직선을 선택하고 싶으면 직선을 클릭하면 된다. 어느 선을 그려도, 처음 클릭하면 시작점이 되고, 두 번째 클릭하면 끝점이 된다.

[그림 Ⅳ-77]

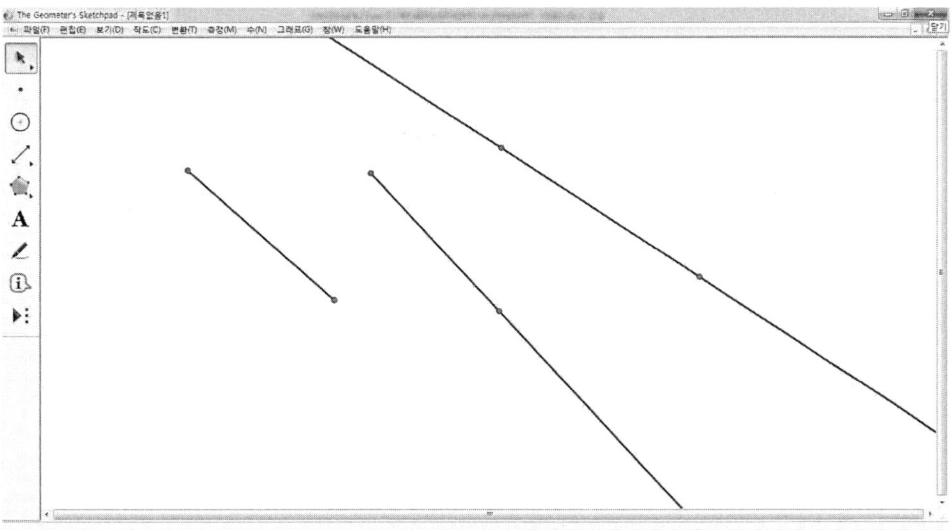

[그림 Ⅳ-78]

다섯 번째 아이콘은 다각형을 그리는 도구이다. 다각형을 그리는 방법은 여러 가지가 있다. 예를 들어, 사각형을 그려보자. 첫 번째 방법은 점들을 찍고 선분으로 연결하는 방법이다([그림 IV-79], [그림 IV-80]). 두 번째 방법은 선분으로 바로 그리는 방법이다([그림 IV-81]). 마지막 세 번째 방법이 다각형으로 그리는 방법이다([그림 IV-82]). 이 방법은 점만 네 개를 찍으면 되는데 마지막에는 더블 클릭해야만 한다. 그리고 이 방법은 점은 그려지지만 선분은 그려져 있지 않으므로, 변의 길이는 잴 수 없다. 하지만 둘레의 길이와 넓이는 구할 수 있다.

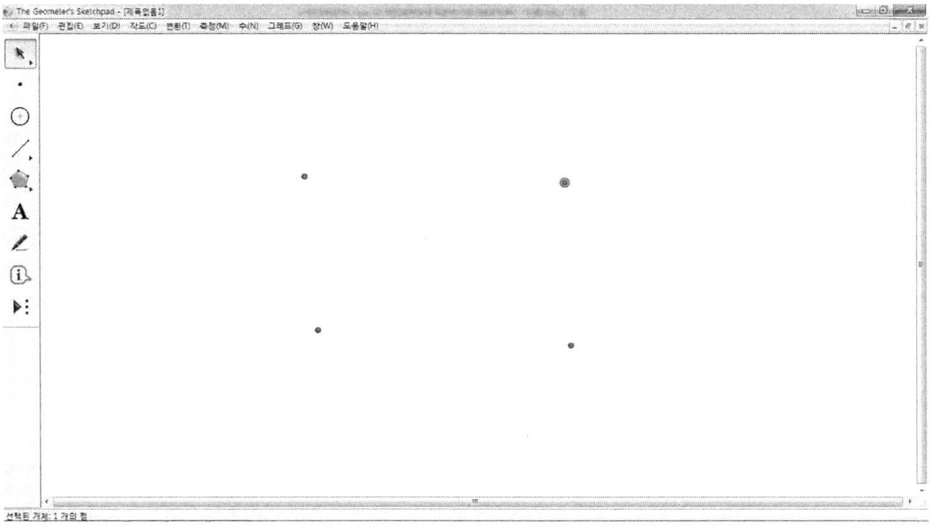

[그림 IV-79]

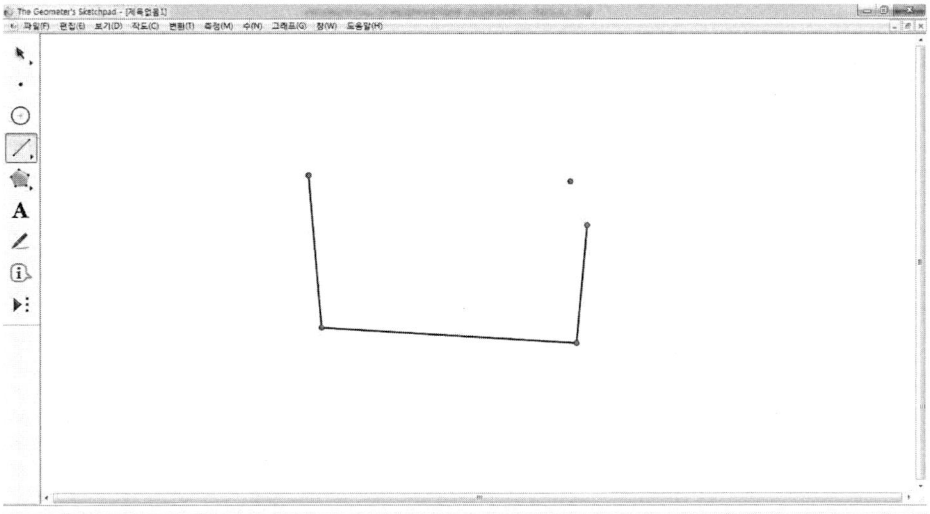

[그림 Ⅳ-80]

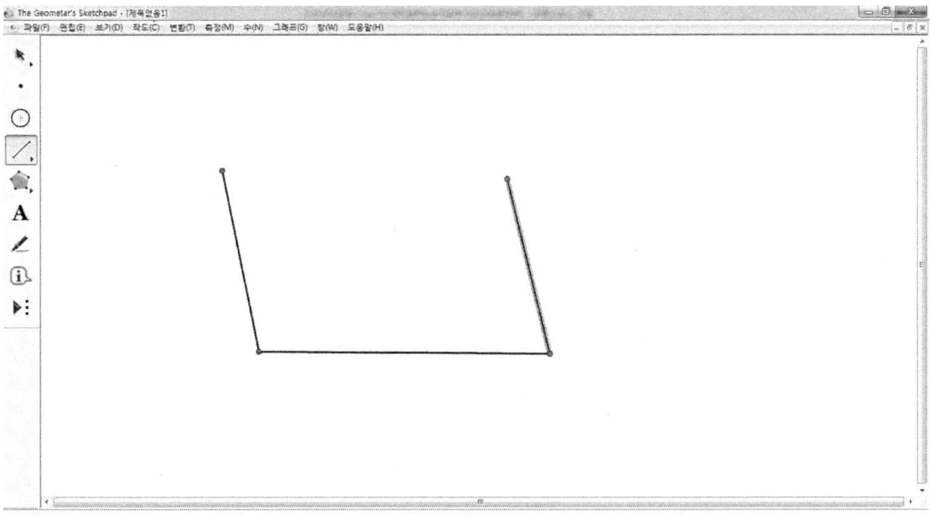

[그림 Ⅳ-81]

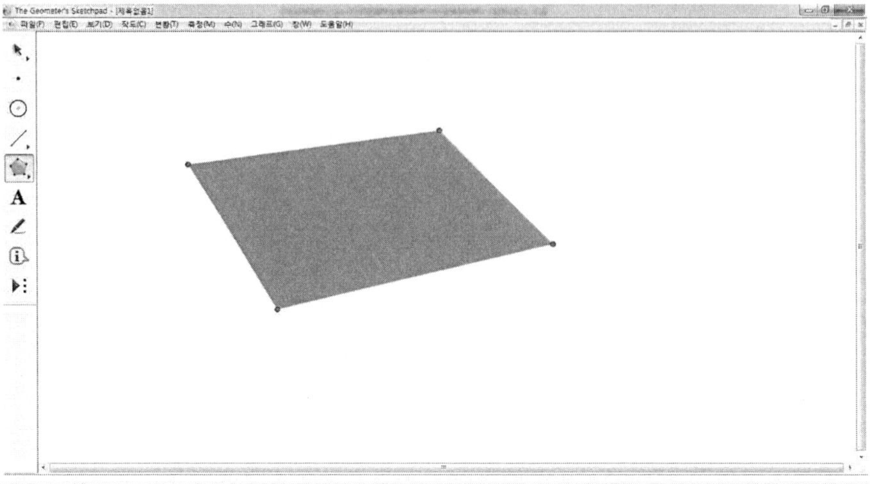

[그림 IV-82]

다음 아이콘인 **A**는 이름을 붙여주는 도구이다. 이름을 붙이고 싶은 점, 변 등에 클릭하면 알파벳순으로 자동으로 이름을 붙여준다. 만약 점 **A**의 이름을 바꾸고 싶으면, 화살표 아이콘을 눌러서 **A**를 더블클릭하면 [그림 IV-84]처럼 점 **A**의 이름을 바꿀 수 있는 창이 뜬다. 그러면 바꾸고 싶은 이름을 입력하고 확인을 클릭하면 된다.

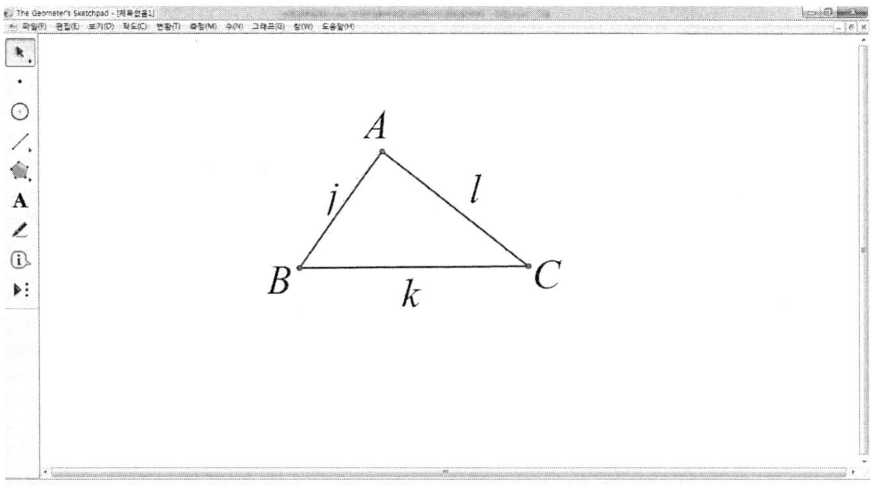

[그림 IV-83]

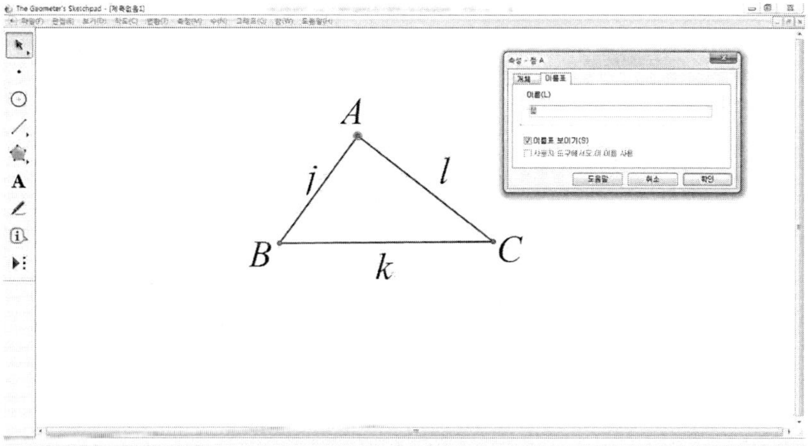

[그림 IV-84]

그 다음 아이콘인 연필모양은 선을 긋는 도구이다. 중요한 부분이나 표기하고 싶은 부분이 있을 때 선택하여 사용하면 [그림 IV-85]와 같이 표기할 수 있다.

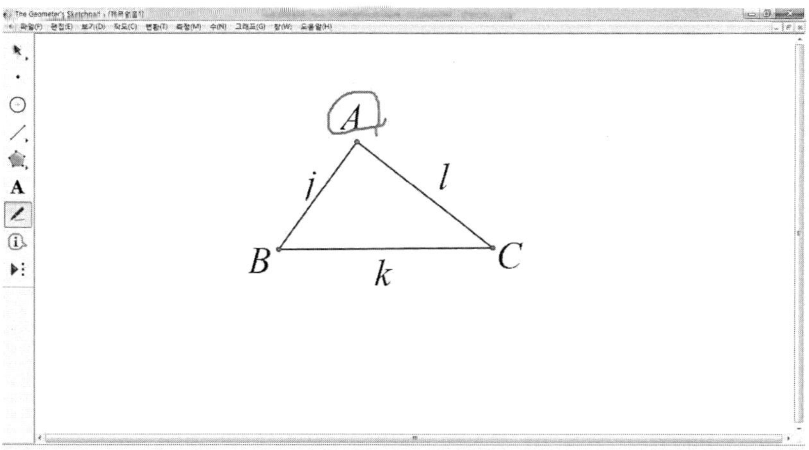

[그림 IV-85]

그 다음 아이콘인 말풍선 모양안의 I는 설명의 도구이다. 알고 싶은 궁금한 점, 선, 면 등에 클릭하면 그 대상에 대한 설명을 해준다([그림 IV-86]). 마지막 아이콘은 사용자 도구를 만들거나 스크립트 등을 만들 때 사용한다([그림 IV-87]).

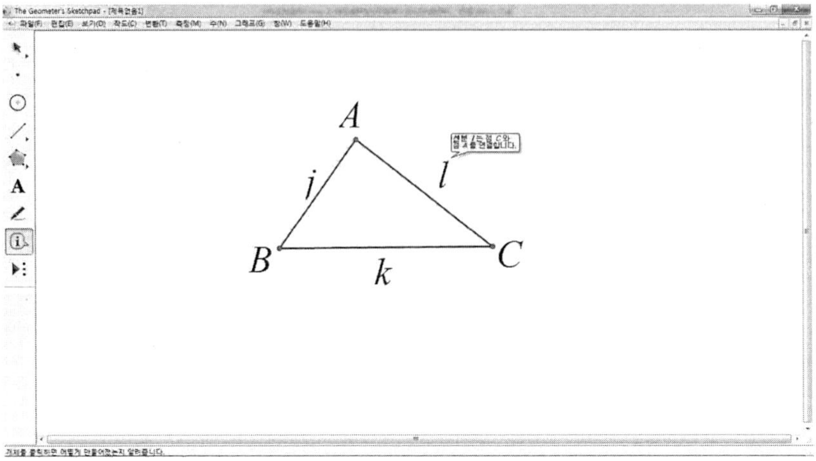

[그림 IV-86]

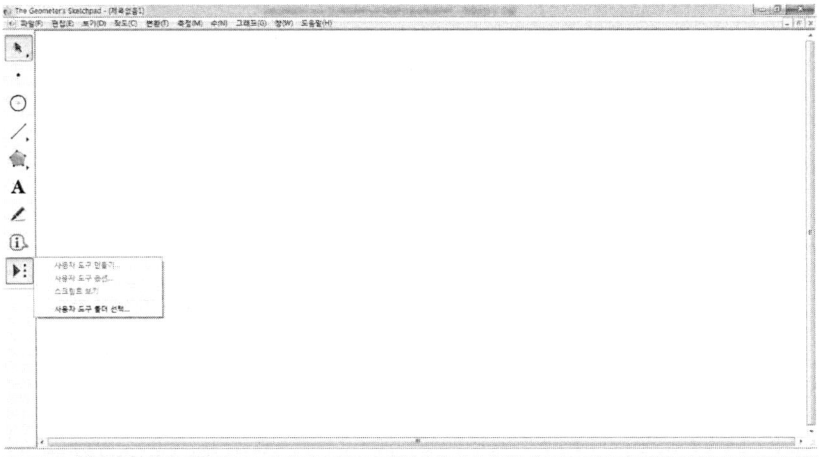

[그림 IV-87]

이제 메뉴바를 살펴보자. **파일, 편집, 보기**는 한글과 유사하므로 설명을 생략하겠다. **작도, 변환, 측정**에 해당하는 내용들은 모두 작도, 변환, 측정하고 싶은 도형을 클릭하고 나서 명령어를 클릭하면 시행할 수 있다. 각과 관련된 것은 각을 이루고 있는 두 변이나 두 반직선 등을 클릭하면 확인할 수 있다. 그러나 두 선이 이루고 있는 각이 많을 때는 우리가 각ABC라고 부르는 것처럼 그 각을 이루고 있는 점들을 순서대로 클릭하면 그 각을 정할 수 있다. **변환**은 이동을 하기 전에 **중심 지정, 대칭축 지정** 등을 이용하여 지정하고 시행해야한다. **그래프**에서 **새 좌표계 설정**을 클릭하면 다음과 같은 [그림 IV-88]이 나타난다. 이 그림에서 원점에 있는 빨간 점과 그 옆의 빨간 점을 확인할 수 있다. 오른쪽에 있는 빨간 점을 이동하면 그래프 자체를 확대, 축소시킬 수 있다([그림 IV-89]). 원점의 빨간 점을 이동하면 그래프 전체를 이동시킬 수 있다([그림 IV-90]).

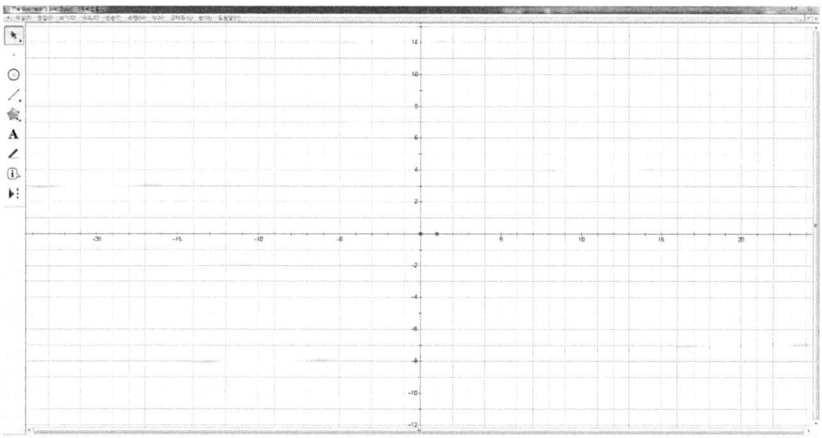

[그림 IV-88]

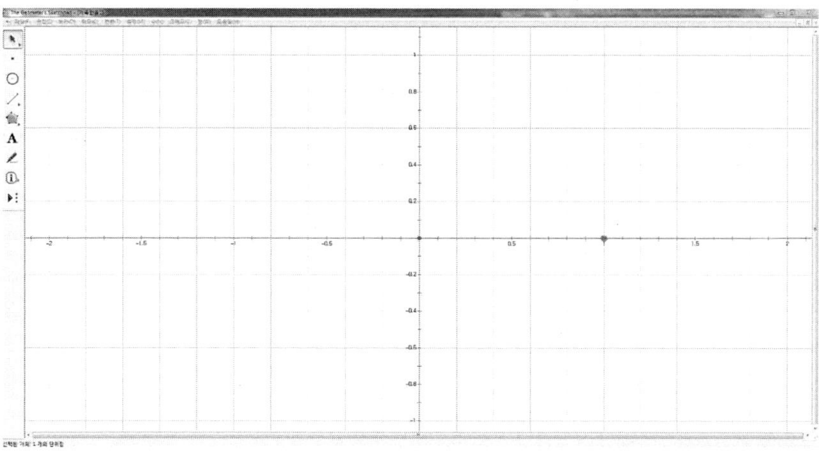

[그림 IV-89]

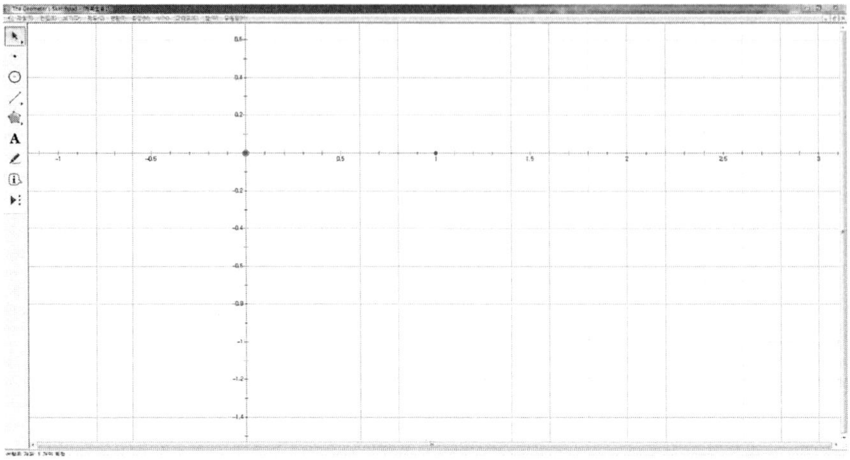

[그림 IV-90]

그래프에서 **새 함수의 그래프**를 클릭하면 새 창이 뜨고 여기에 함수를 입력하면 ([그림 IV-91]), 함수가 나타난다([그림 IV-92]).

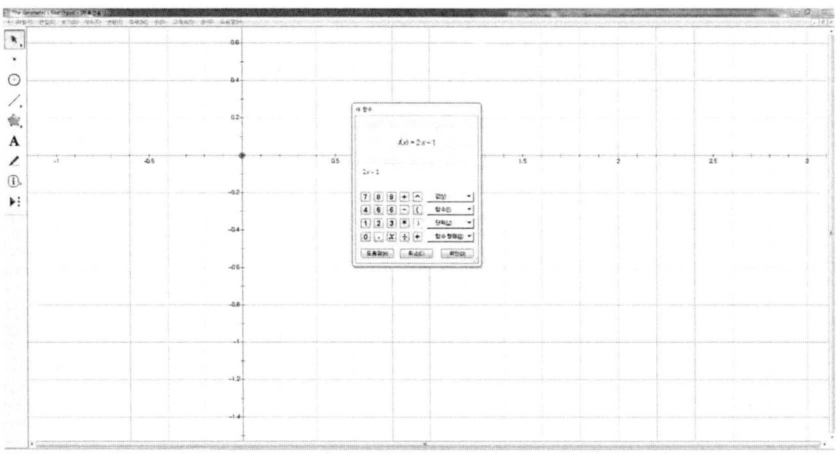

[그림 IV-91]

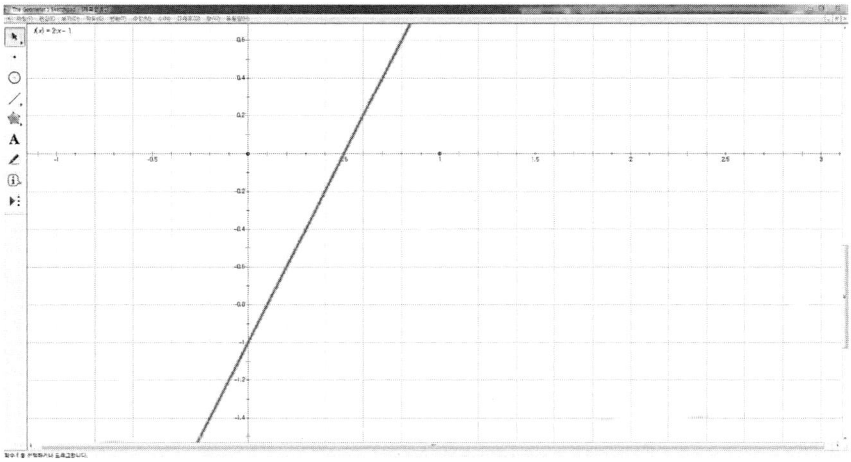

[그림 IV-92]

두 함수의 그래프에서 교점을 찾을 수도 있다. 예를 들어, $y=2x-1$과 $y=x^2+x-3$을 그리고 교점을 구해보자. 먼저 두 그래프를 그린다([그림 IV-93]). 그 다음에 두 그래프를 클릭하고 **작도**에서 **교점**을 클릭하면 교점이 나타난다([그림 IV-94]). 이 때, 좌표를 그냥 읽을 수도 있지만, 점을 클릭하고 **측정**에서 **좌표**를 클릭하면 각각의 좌표값이 어떻게 되는지 나타내어 준다([그림 IV-95]).

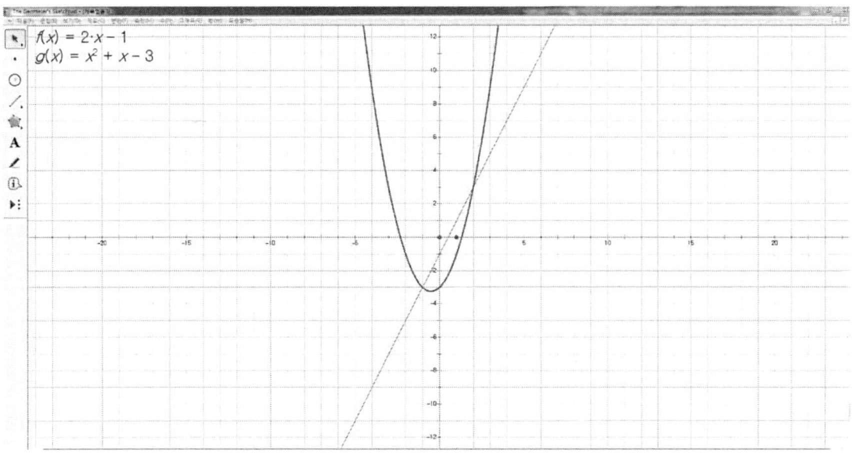

[그림 IV-93]

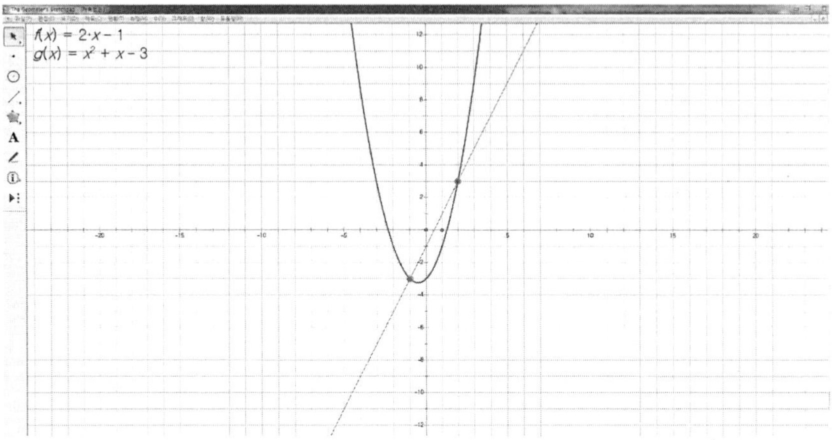

[그림 Ⅳ-94]

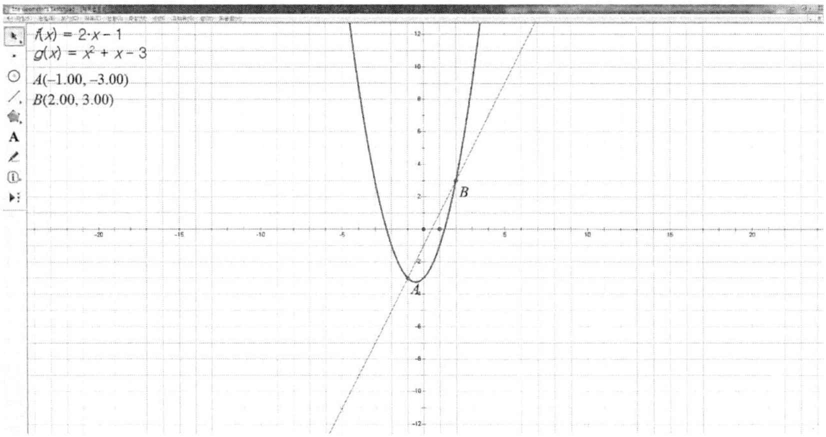

[그림 Ⅳ-95]

2) 여러 가지 도형 그려보기

(1) 직각삼각형 그리기

직각삼각형을 그리는 방법에는 여러 가지가 있다. 먼저 원을 이용하는 방법이다. 원 위의 한 점에서 원의 중심으로 반직선을 긋는다. 그리고 그 반직선과 원의 교점을 F라 하자. 그리고 원 위의 한 점 G를 작도하여 연결하면 직각삼각형 FGH가 된다. 이때, G와 H를 마음껏 움직여도 직각이 변하지 않는 것을 알 수 있다([그림

IV-96]). 여기서 직각 삼각형만 남기고 나머지는 클릭해서 메뉴 **보기**에서 **개체 숨기기**를 하면 직각삼각형만 남는다([그림 IV-97]). 나중에 다시 원래 상태의 도형을 보고 싶으면 메뉴 **보기**에서 **숨겨진 개체 모두 보이기**를 클릭하면 된다.

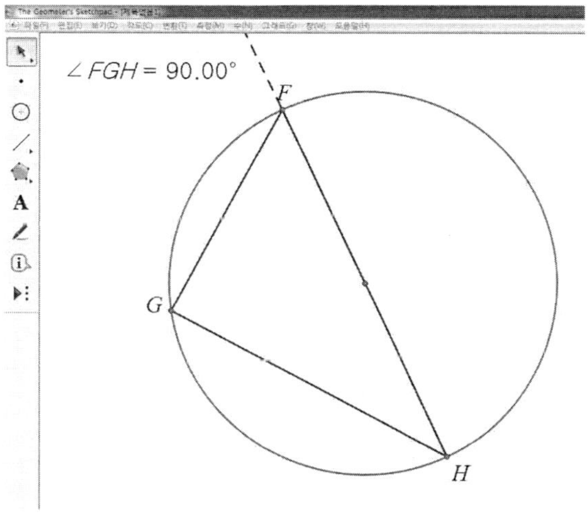

[그림 IV-96]

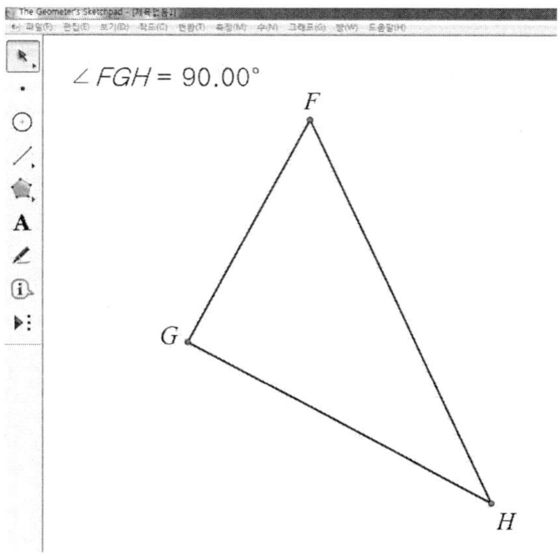

[그림 IV-97]

두 번째 방법은 수직선을 이용해서 그리는 방법이다. 먼저 직선을 그리고 그 직선과 그 직선위의 한 점을 클릭하고 메뉴 **작도**에서 **수선**을 클릭하면 수선이 그려진다. 이 수선을 클릭하고 메뉴 **작도**에서 **직선 위의 한 점**을 클릭해서 수직선 위의 한 점을 그린다. 그리고 이 점과 원래 직선의 남은 한 점을 이으면 직각 삼각형이 만들어진다([그림 IV-98]). 이 역시 위와 같은 방법으로 개체 숨기기를 하면 직각 삼각형만 남게 된다. 이때, 직선을 숨긴 것이므로 직각삼각형의 선분이 사라지게 된다. 그러면 다시 선분 그리기로 그려 넣으면 된다([그림 IV-99]).

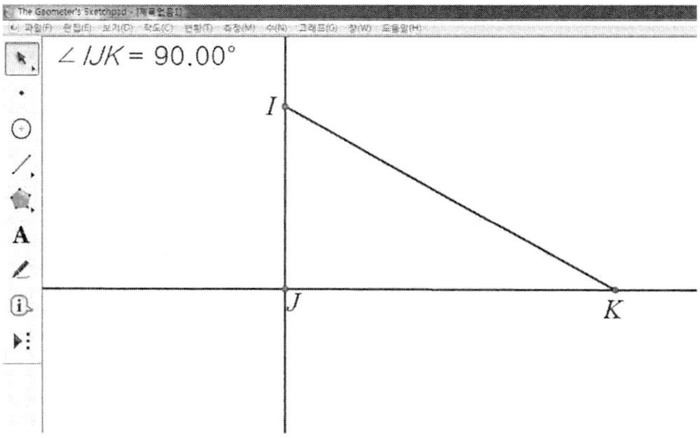

[그림 IV-98]

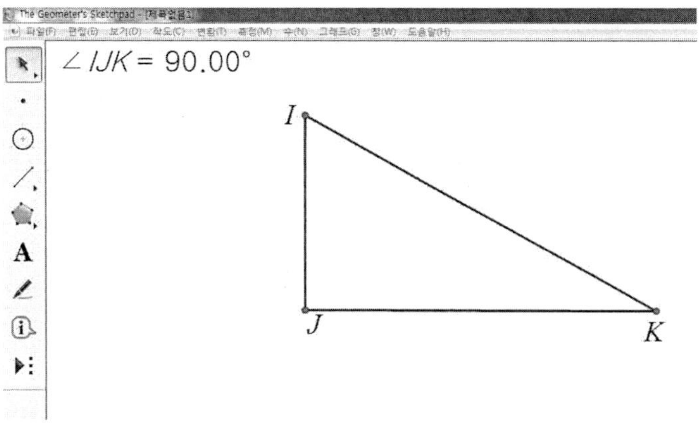

[그림 IV-99]

세 번째 방법은 원의 접선을 이용하는 것이다. 원의 접선을 바로 작도하는 방법은 없다. 그러므로 선분 AB를 만들고, 이 선분과 점 B에 대한 수선을 작도하면 된다. 그리고 그 수선 위의 한 점인 C를 작도해서 세 점을 연결하면 직각삼각형이 나타난다([그림 IV-100]). 이 방법들 외에도 많은 방법들이 있을 것이다. 찾아보기를 바란다.

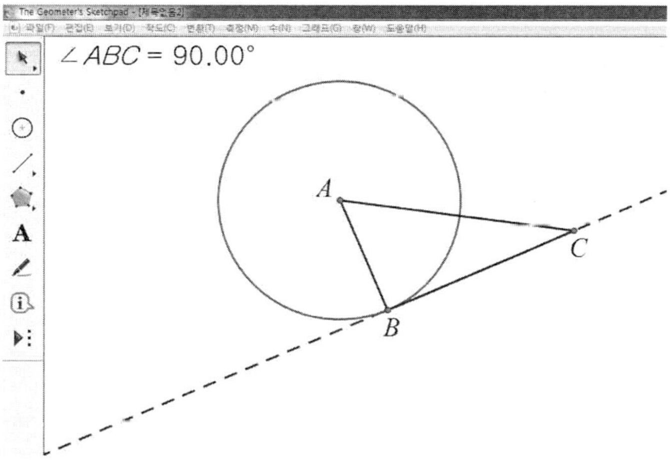

[그림 IV−100]

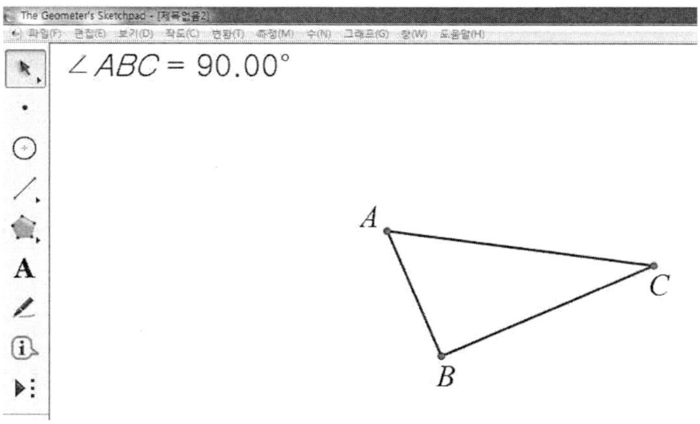

[그림 IV−101]

(2) 이등변 삼각형 그리기

직각삼각형보다 조금은 더 그리기 어려운 이등변삼각형을 그려보자. 이등변삼각형 역시 그리는 여러 가지 방법이 있다. 먼저 원을 이용하는 방법으로, 원 위의 두 점을 그려서 원의 중심과 함께 삼각형을 그리면 된다([그림 IV-102]). 그러면 원의 반지름은 항상 같으니 이등변 삼각형이 된다.

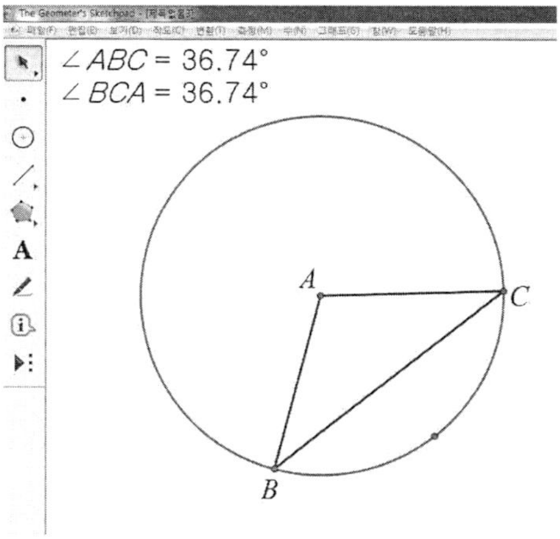

[그림 IV–102]

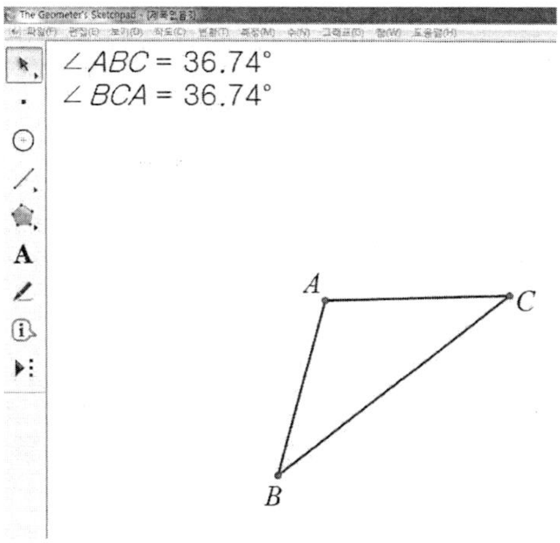

[그림 IV–103]

두 번째 방법은 선분의 수직이등분선을 이용하는 방법이다. 선분을 그리고 선분의 중점을 잡아서, 그 점에서 수직이등분선을 그리는 것이다. 이는 **메뉴**에서 **수선**을 클릭하면 된다. 그리고 그 수선에 한 점을 작도하여 선분의 꼭지점과 연결하면 이등변 삼각형이 된다.

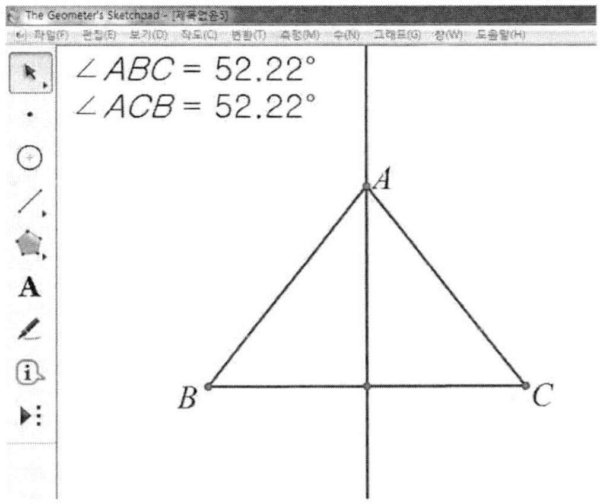

[그림 Ⅳ-104]

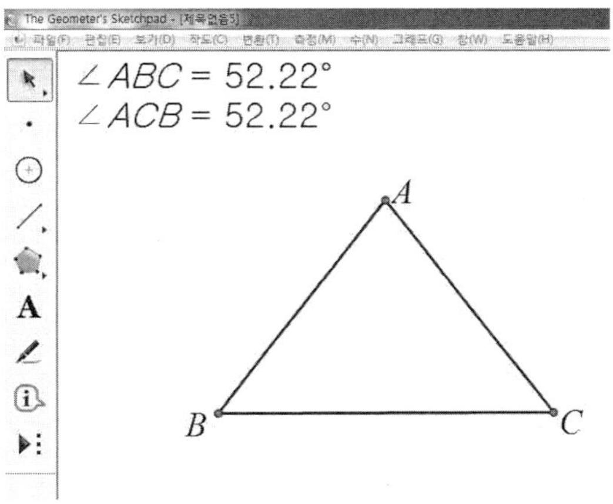

[그림 Ⅳ-105]

세 번째 방법은 변환을 이용한 방법이다. 먼저 선분을 하나 그리고([그림 Ⅳ-106]), 이 선분을 **변환**에서 **대칭축 지정**한다. 그러면 이 선분은 대칭축이 된다. 그 다음 이등변 삼각형의 한 변을 그리고([그림 IV-107]), 그 변과 점을 이 대칭축에 의해 **변환**에서 **선대칭이동**을 한다([그림 IV-108]). 그 다음에는 두 끝점을 연결하기만 하면 된다([그림 IV-109]). 이 삼각형이 이등변삼각형임을 확인할 수 있다([그림 IV-110], [그림 IV-111]). 이 외에도 많은 방법으로 이등변삼각형을 그릴 수 있다.

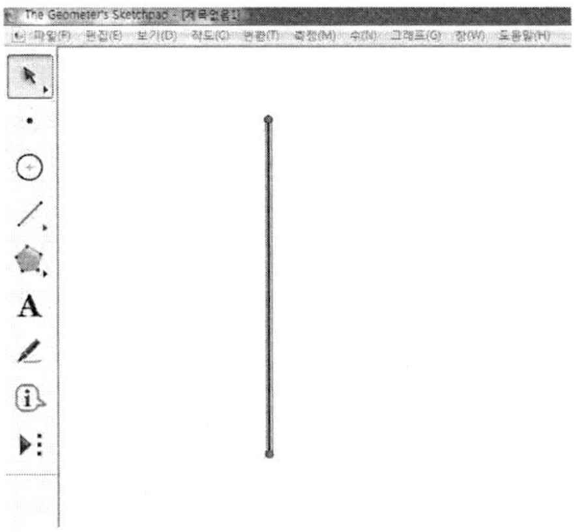

[그림 IV-106]

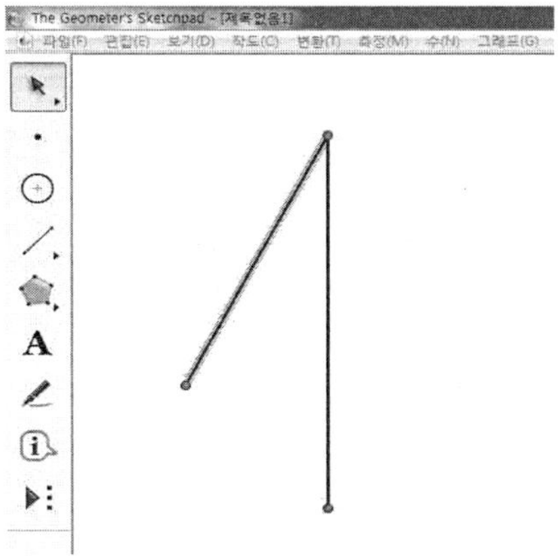

[그림 IV-107]

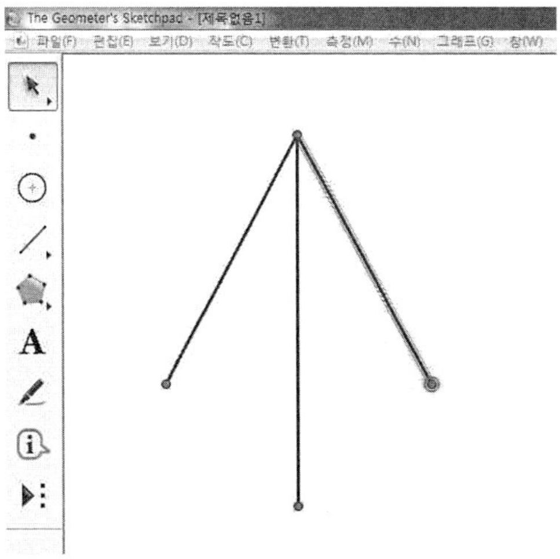

[그림 IV-108]

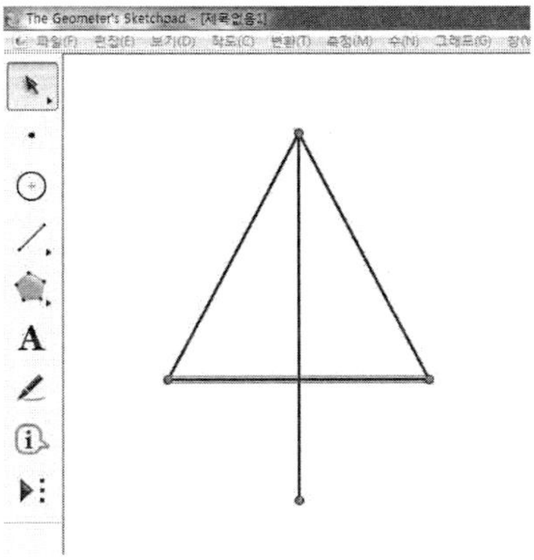

[그림 Ⅳ-109]

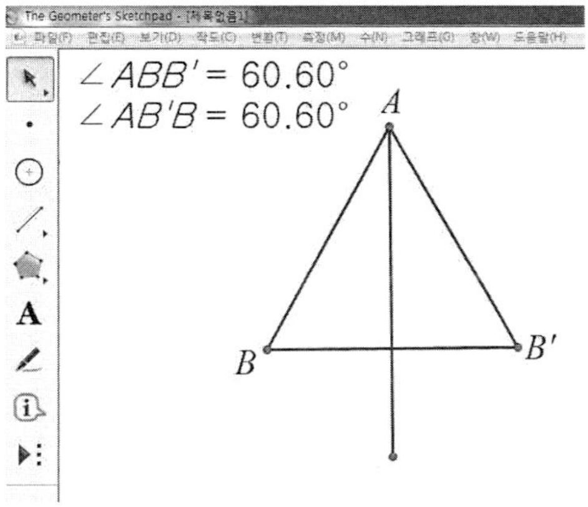

[그림 Ⅳ-110]

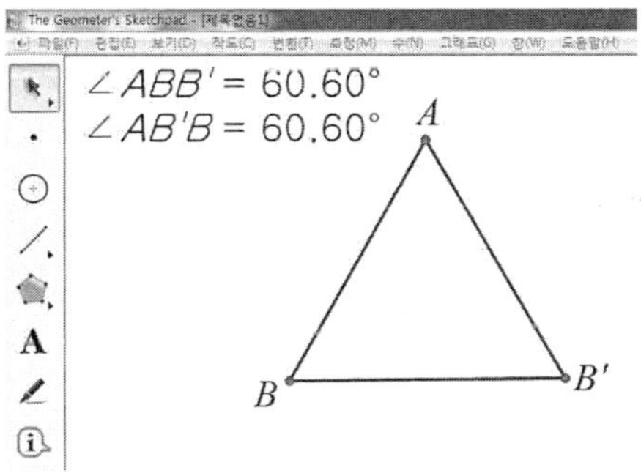

[그림 Ⅳ-111]

(3) 정삼각형 그리기

정삼각형 역시 그리는 방법은 여러 가지가 있다. 첫째, 원을 이용한 방법으로 크게 두 가지가 있다. 하나의 원을 이용하는 방법을 먼저 살펴보자. 원에 반지름을 그리고([그림 IV-112]), 이 반지름을 수직이등분하는 선을 그린다([그림 IV-113]). 이 선과 원과의 교점을 이용하여 삼각형을 그리면([그림 IV-114]), 정삼각형이 되는 것을 확인할 수 있다([그림 IV-115], [그림 IV-116]).

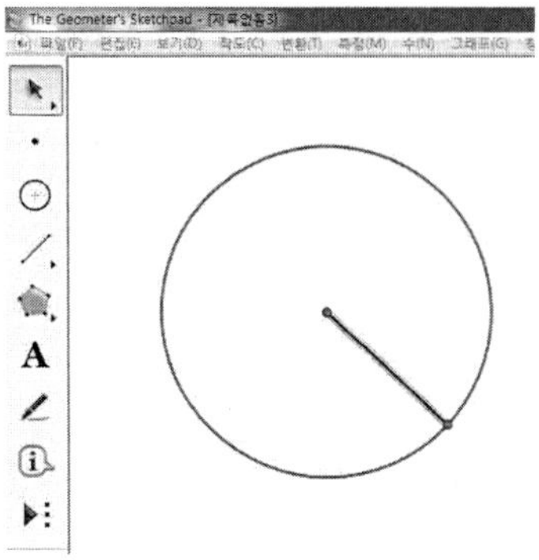

[그림 IV-112]

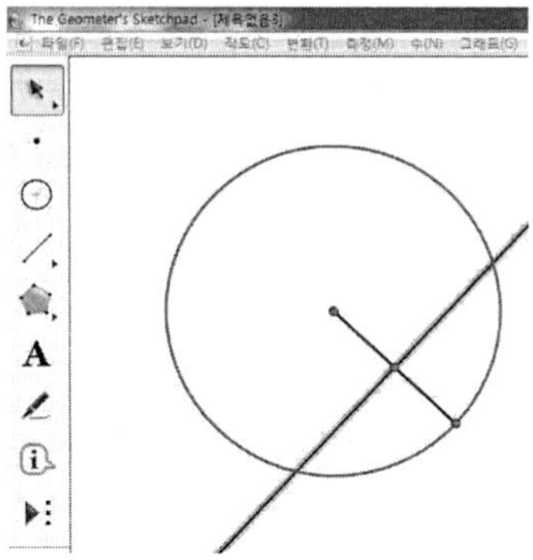

[그림 IV-113]

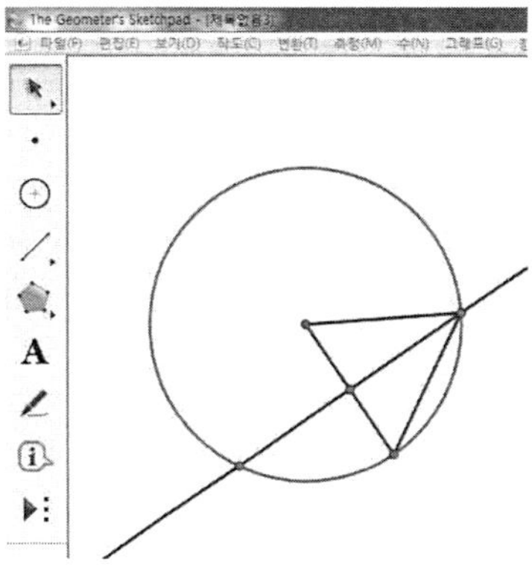

[그림 IV-114]

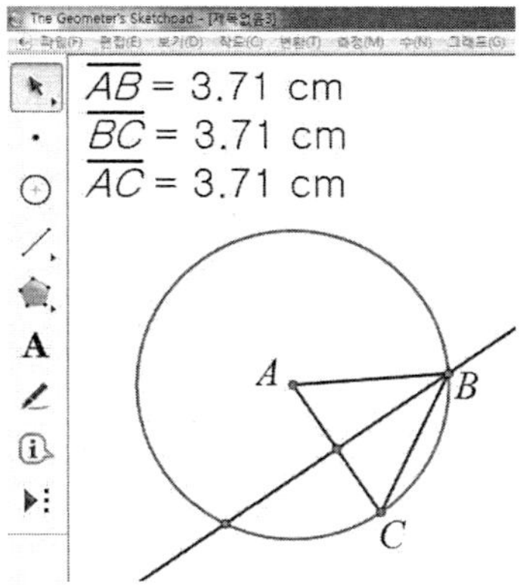

[그림 IV-115]

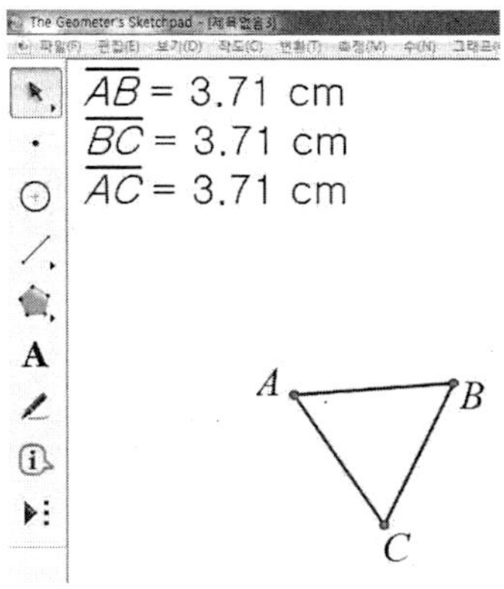

[그림 IV-116]

두 개의 원을 이용하여 정삼각형 작도하는 방법을 살펴보자. 먼저, 두 개의 원을 겹치게 그린다. 이때, 두 개의 원의 중심점은 서로의 원주 상에 존재해야한다. 그릴 때 하나의 원을 그리고, 다시 그 점에서 원래의 원의 중심에 도착하게 점을 찍으면 된다([그림 IV-117]). 그리고 두 개의 원의 교점을 구한다([그림 IV-118]). 이제 두 원의 중심과 교점 중 한 점을 연결하여 삼각형을 그리면 정삼각형이 된다([그림 IV-119]).

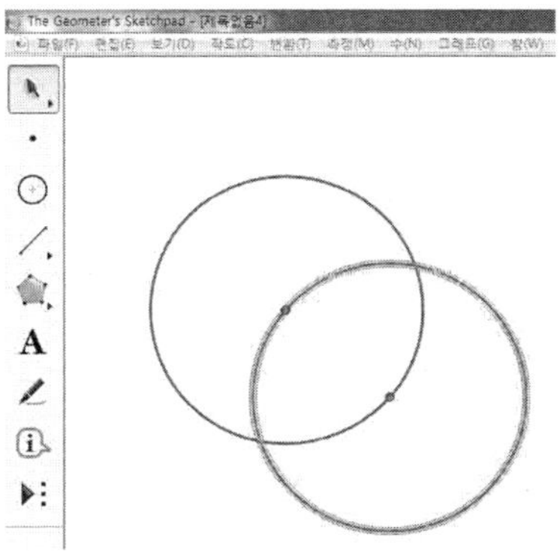

[그림 Ⅳ-117]

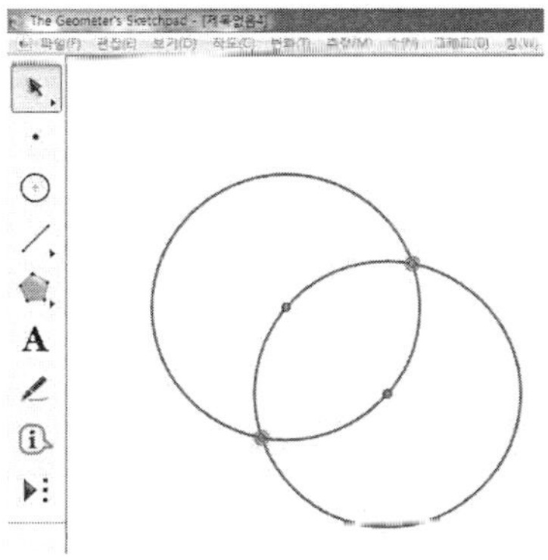

[그림 Ⅳ-118]

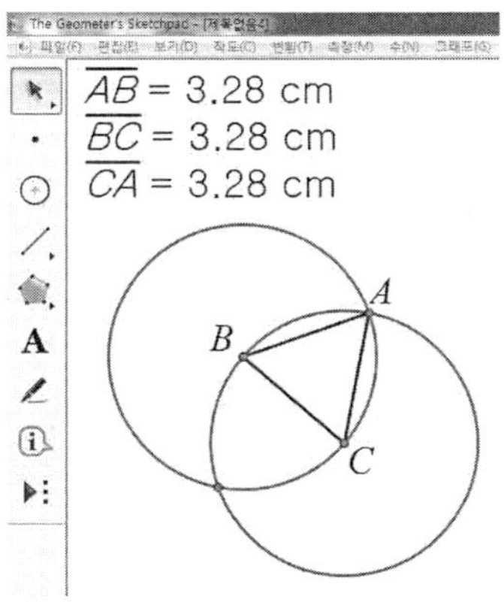

[그림 Ⅳ-119]

두 번째 방법은 변환을 이용하는 방법이다. 한 선분을 그리고 이 선분을 60도씩 회전이동해서 세 변을 완성하는 것이다. 먼저 한 변을 그리고 그 중 한 점을 대칭점으로 정한다. 정하는 방법은 **변환**에서 **중심 지정**을 하면 된다. 그 다음에 중심점으로 지정하지 않은 점과 변을 클릭하고 **변환**에서 **회전 이동**을 클릭하면 [그림 IV-120]과 같은 창이 나타난다. 여기에 정삼각형은 모든 각이 60도가 되어야 하므로 60도를 입력하고 실행하면 회전이동된 변과 점이 나타난다([그림 IV-121]). 그 다음엔 남은 두 꼭지점을 선분으로 잇기만 하면 정삼각형이 된다. 어느 점이나 변을 잡고 움직여도 길이가 같다는 것을 확인할 수 있다([그림 IV-122]).

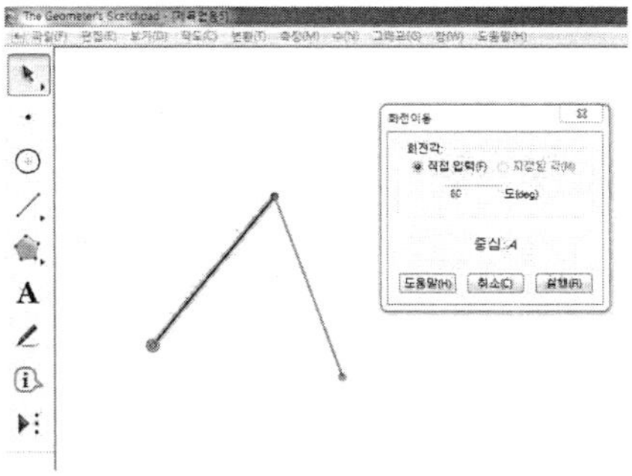

[그림 IV-120]

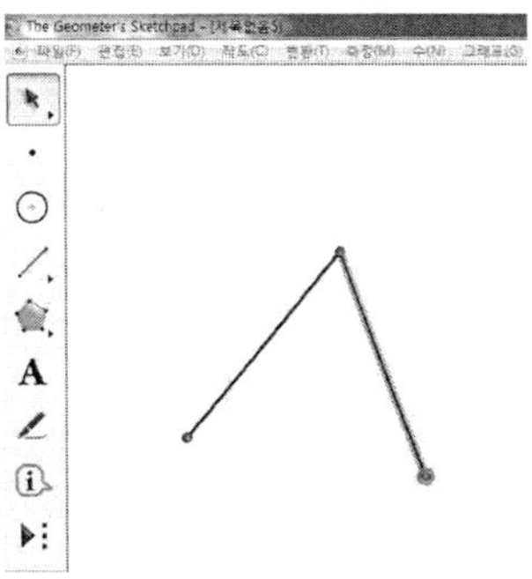

[그림 IV-121]

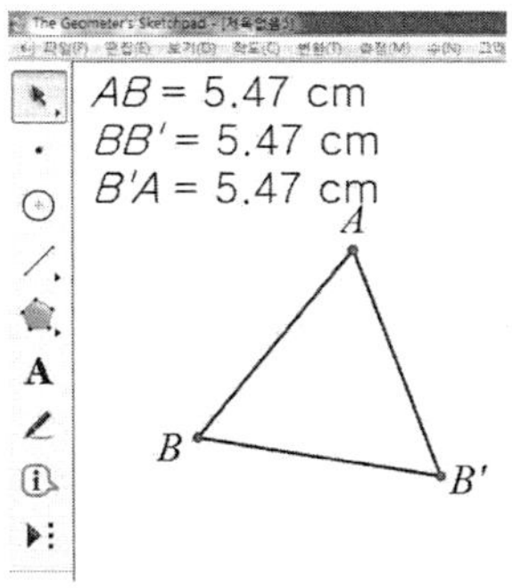

[그림 IV-122]

(4) 사다리꼴 그리기

이제 사각형을 그려보자. 사다리꼴은 한 쌍의 대변이 평행하면 된다. 그래서 평행의 정의에 의해 한 직선이나 한 선분을 그리고 그 직선이나 선분에 있지 않는 점을 찍어서 평행을 그린다([그림 IV-123], [그림 IV-124]). 그 다음에는 평행선 위의 한 점을 작도하여 네 점을 연결하면 사다리꼴이 된다([그림 IV-125]). 이 후 어떤 점을 잡고 움직여도 사다리꼴이 성립한다. 실제로 그런지 평행을 눈으로 증명해 볼 수 있도록 수직선을 그어서 90도가 유지됨을 보이거나([그림 IV-126]), 엇각의 합이 180도임을 보여도 된다([그림 IV-127], [그림 IV-128]). [그림 IV-127]의 계산창은 **메뉴 수**에서 **계산**을 클릭하면 뜬다. 이때, 각들을 각각 쓰는 것이 아니라 계산된 각의 크기를 클릭만 하면 대입하여 계산할 수 있다.

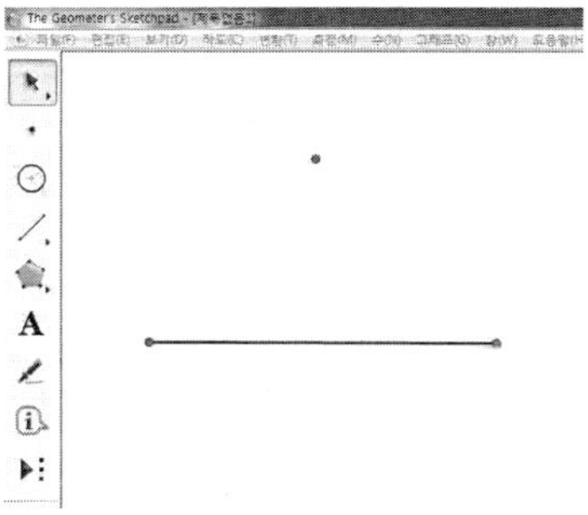

[그림 IV-123]

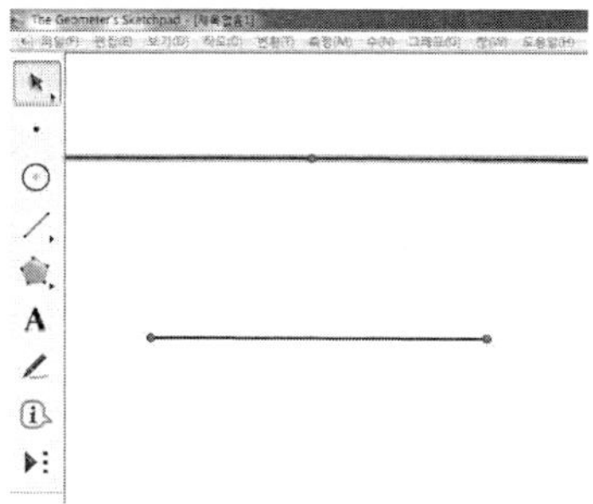

[그림 IV-124]

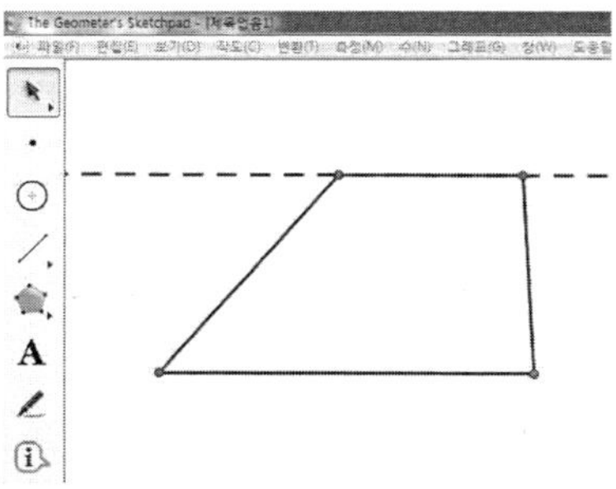

[그림 IV-125]

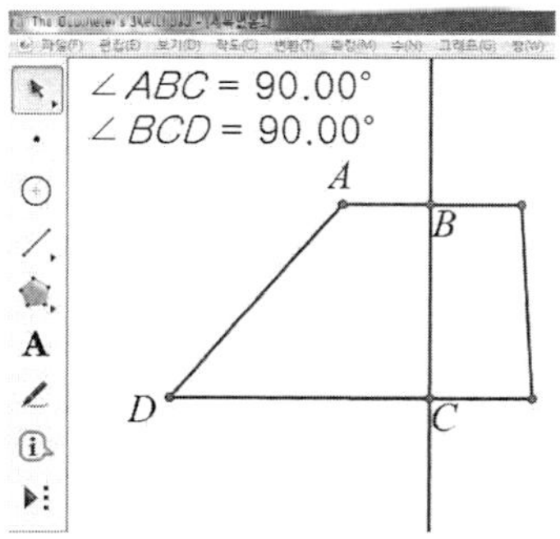

[그림 IV-126]

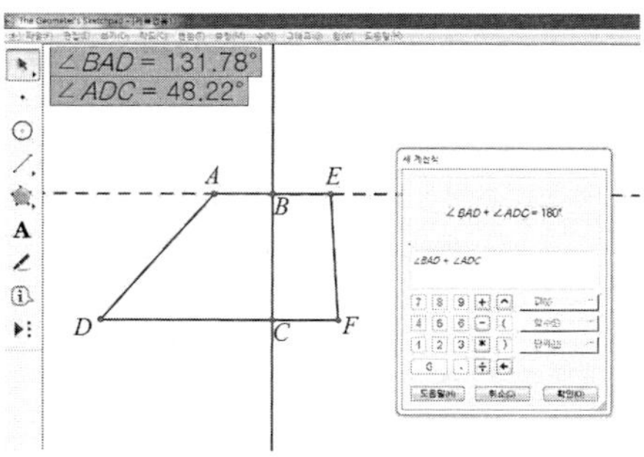

[그림 IV-127]

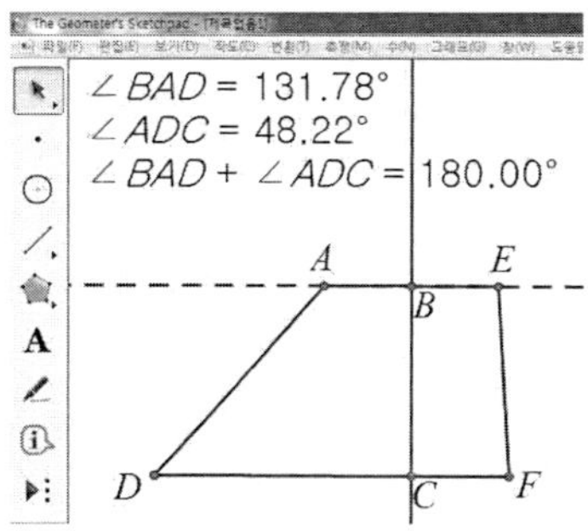

[그림 IV-128]

(5) 평행사변형 그리기

평행사변형의 정의는 두 쌍의 대변이 평행한 사각형이다. 그래서 평행선을 그리고, 마주보는 각이 같음을 보이면 된다. 먼저 평행선을 그리고([그림 IV-129]), 평행선 위의 점과 원래의 직선 위의 점을 연결시킨다([그림 IV-130]). 그래서 이 선분과 남은 한 점에 대응하는 평행선을 그린다([그림 IV-131]). 그리고 이 평행선과 처음의 평행선과의 교점을 구한다([그림 IV-132]). 그러면 이 네 점을 연결한 도형이 평행사변형이 된다. 이를 확인하는 대각의 크기들을 구하면 된다([그림 IV-133]).

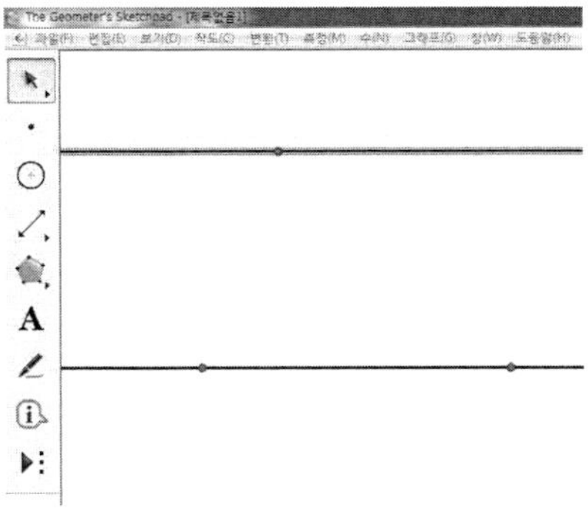

[그림 IV-129]

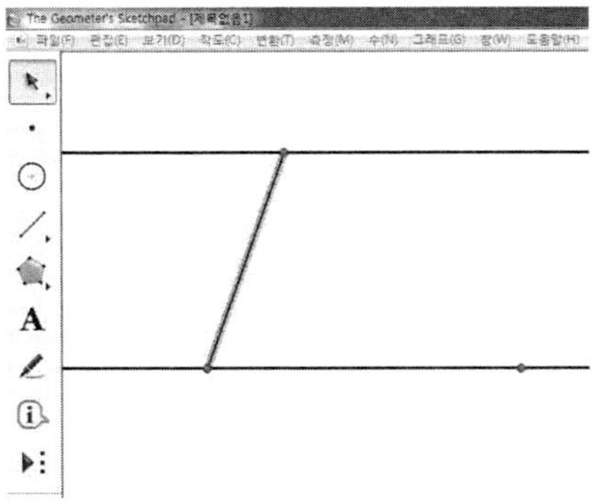

[그림 IV-130]

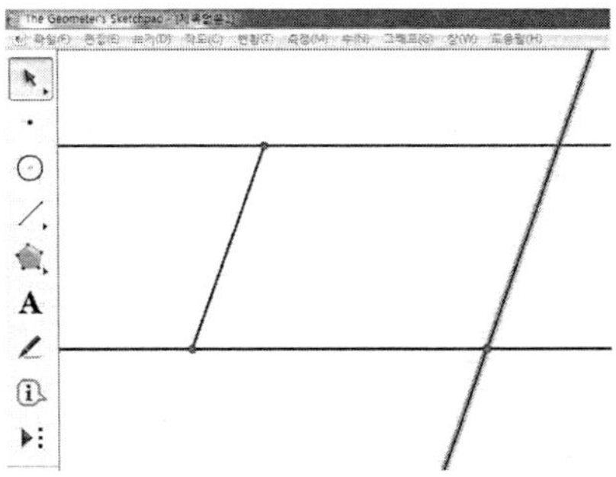

[그림 IV-131]

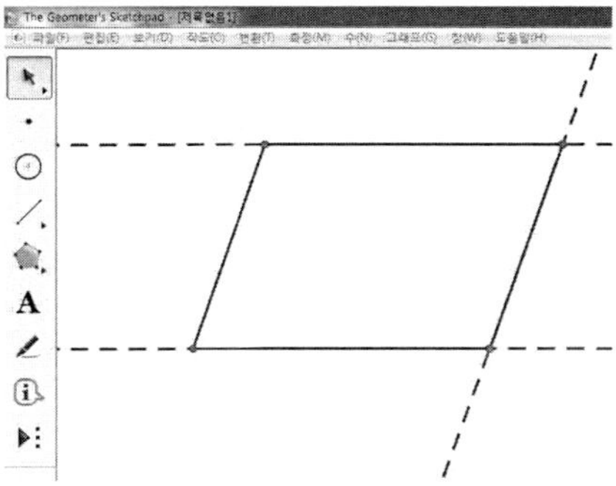

[그림 Ⅳ-132]

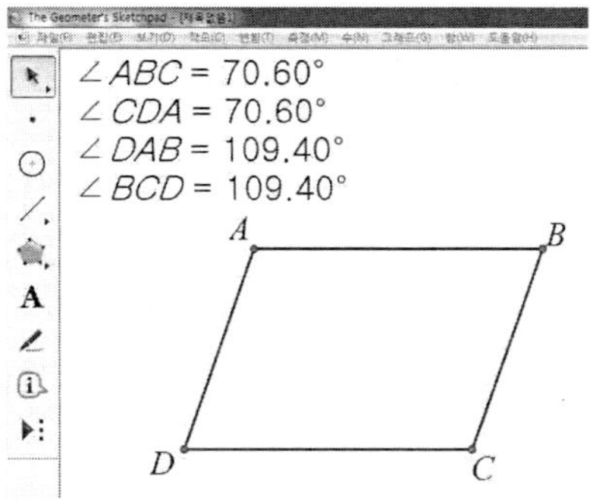

[그림 Ⅳ-133]

다른 방법은 두 쌍의 대각이 같다는 것을 이용하는 것이다. 그래서 변환을 이용한다. 한 점을 중심으로 두 점을 대칭시키는 것이다([그림 Ⅳ-134]). **변환**에서 **회전이동**을 180도로 하여 반대편에 점을 찍도록 한다([그림 Ⅳ-135]). 이제 중심을 제외한 네 점을 연결하기만 하면 된다([그림 Ⅳ-136]). 이 도형이 평행사변형인지 대각의 크기만 확인해보면 된다([그림 Ⅳ-137]). 물론 대변의 길이도 비교해볼 수 있다([그림 Ⅳ-138]). 어느 점, 어느 변을 잡고 드래그해도 평행사변형이 성립함을 알 수 있다.

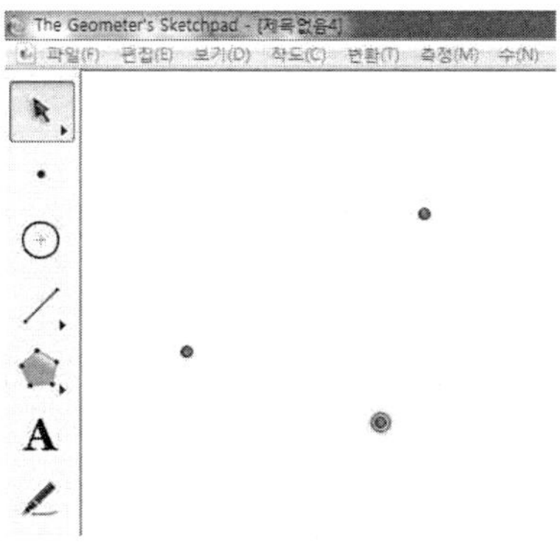

[그림 Ⅳ-134]

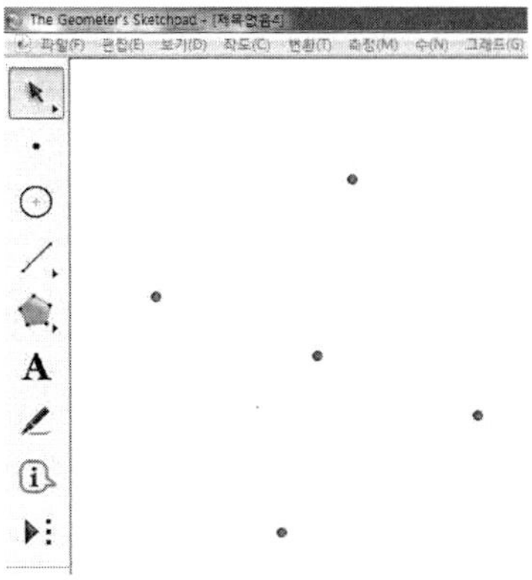

[그림 IV-135]

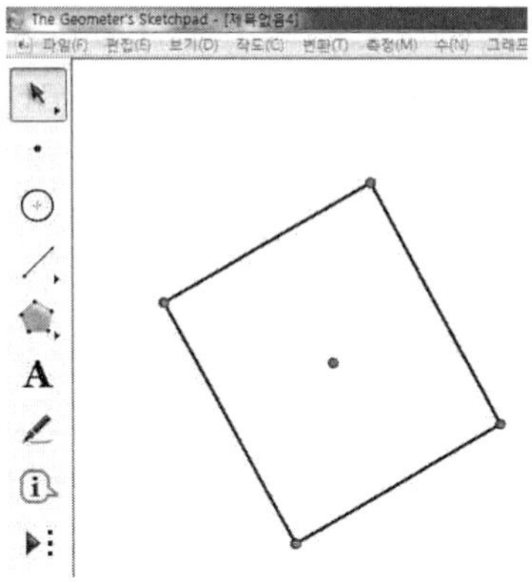

[그림 IV-136]

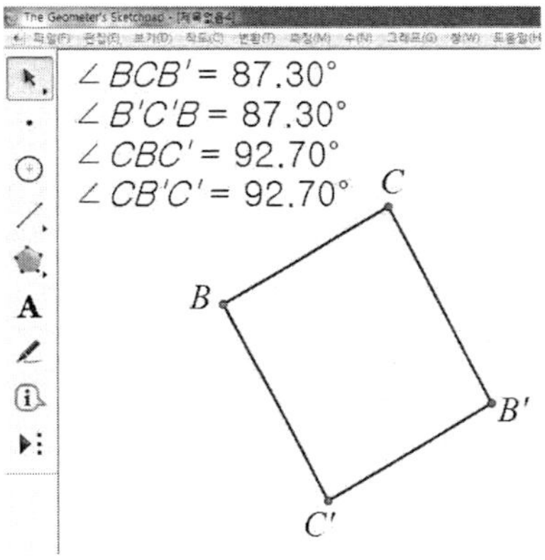

[그림 IV-137]

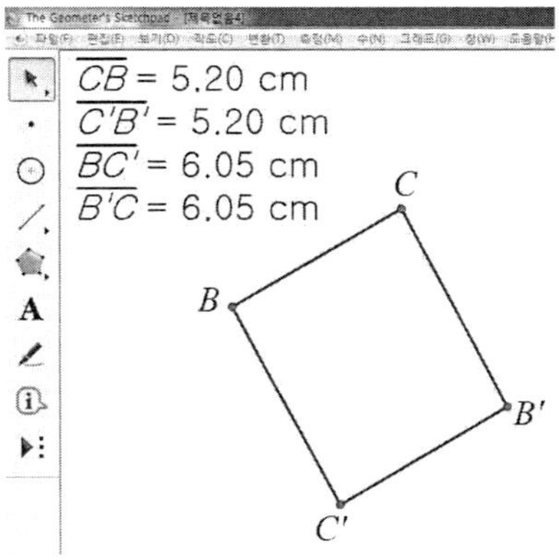

[그림 IV-138]

(6) 직사각형 그리기

직사각형의 정의는 네 각이 모두 90도인 사각형이다. 먼저 수선을 이용하여 그려보자. 직사각형은 두 개의 평행선이 수직으로 만나야 한다. 그래서 평행선과 수선을 이용하여 직사각형을 그려보자([그림 IV-139], [그림 IV-140]). 그러면 [그림 IV-141] 처럼 네 개의 점이 생기면 연결만 하면 된다([그림 IV-142]).

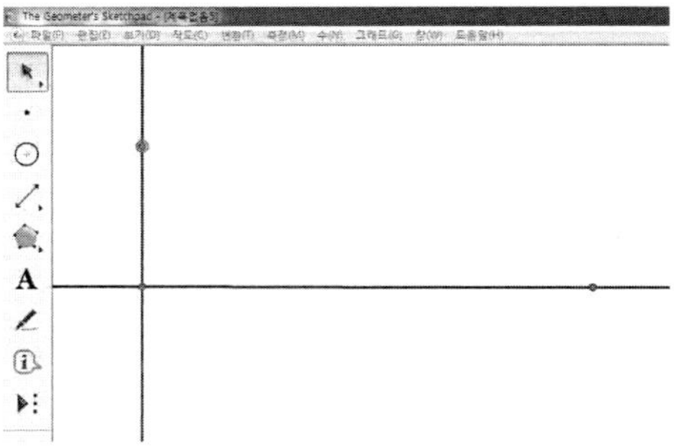

[그림 Ⅳ-139]

[그림 Ⅳ-140]

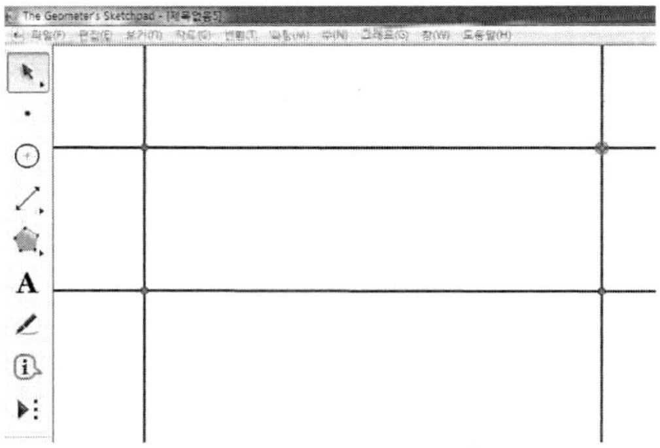

[그림 Ⅳ-141]

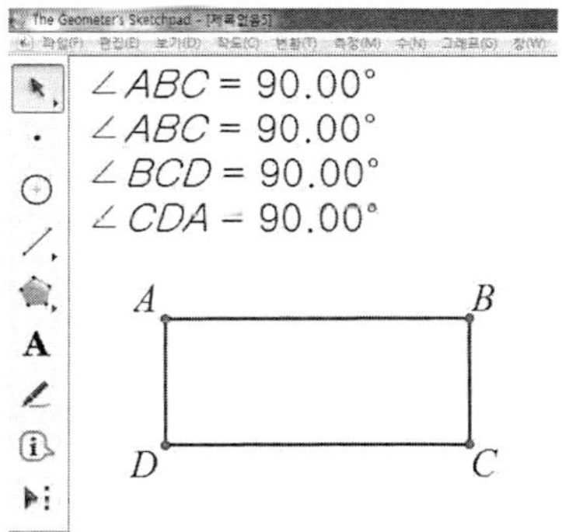

[그림 Ⅳ-142]

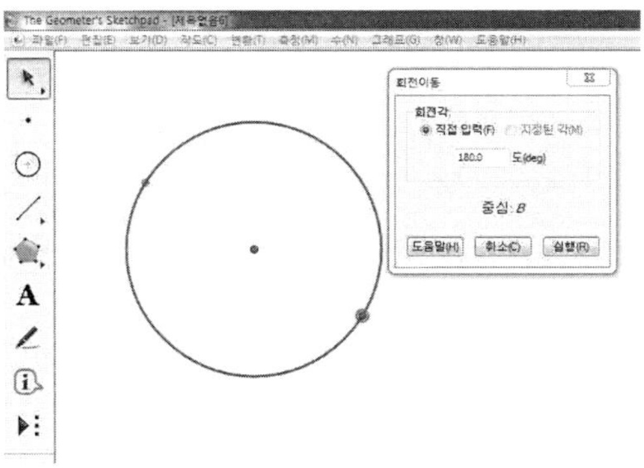

[그림 Ⅳ-143]

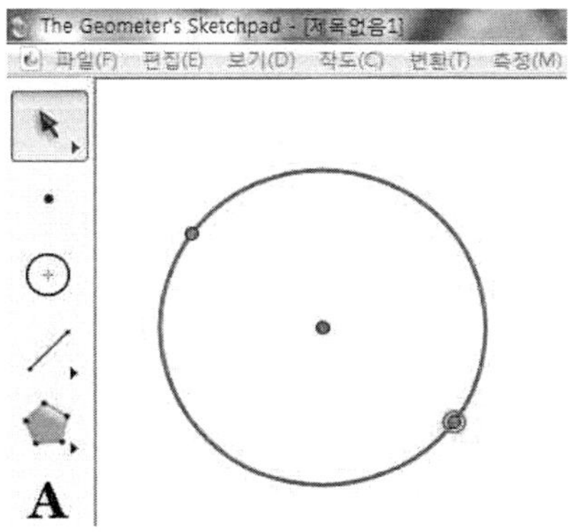

[그림 Ⅳ-144]

다른 방법은 원을 이용하는 방법이다. 원의 지름의 원주각이 항상 90도임을 이용한다. 먼저 원을 그리고 원주 위의 한 점을 원의 중심을 중심으로 하여 180도 회전이동을 한다([그림 IV-143], [그림 IV-144]). 그 다음에 원 위의 한 점을 그리고([그림 IV-145]), 그 점 역시 원의 중심을 기준으로 대칭인 점을 그린다([그림 IV-146]). 이 네 점을 선분으로 연결만 하면 직사각형이 된다([그림 IV-147]). 이 도형이 직사각형인지 [그림 IV-148]을 보면 확인할 수 있다.

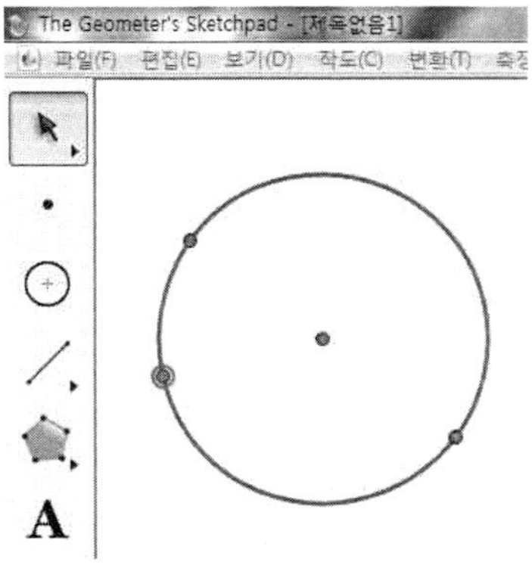

[그림 IV-145]

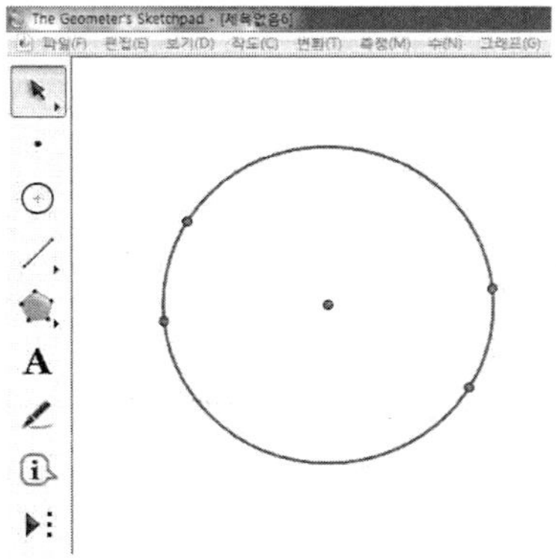

[그림 IV-146]

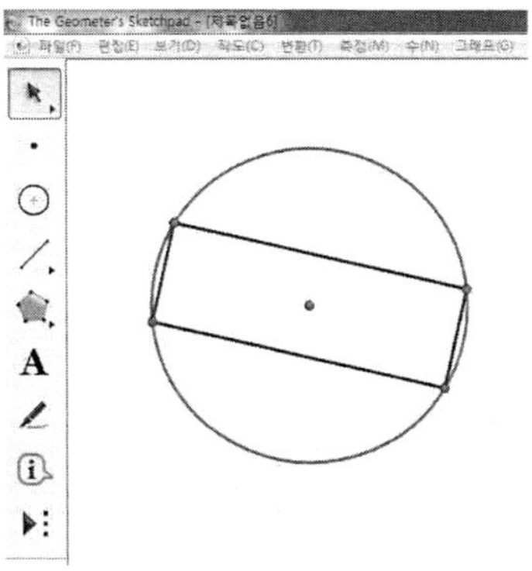

[그림 IV-147]

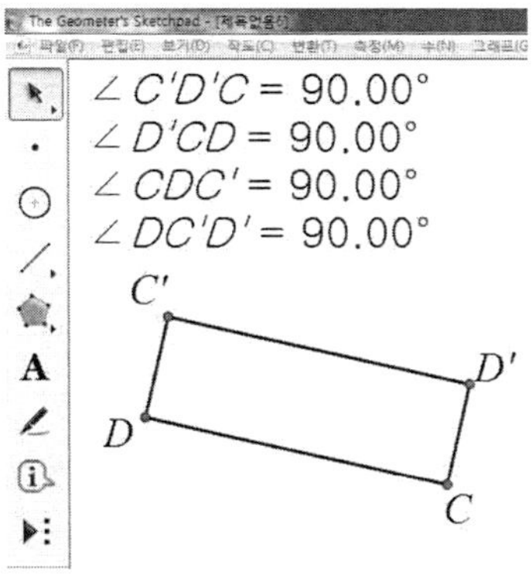

[그림 IV-148]

(7) 정사각형 그리기

네 변의 길이가 같고 네 각이 90도로 같다는 성질을 이용하여 그린다. 먼저 수선을 이용하여 그리는 방법을 살펴보자. 직선을 그리고 그 위의 한 점에서 **수선**을 그린다([그림 IV-149]). 그리고 원래의 직선 위의 한 점과 길이가 같은 점을 찍어야 하므로 이 두 직선의 교점을 **중심 지정**하여, 직선 위의 한 점을 90도 **회전이동** 시킨다([그림 IV-150]). 이 점에서 수선을 그리고, 원래의 점에서도 수선을 그려서 교점을 찾는다([그림 IV-151]). 이제 이 네 점을 연결하고([그림 IV-152]), 직선을 숨기면 정사각형만 볼 수 있다([그림 IV-153]).

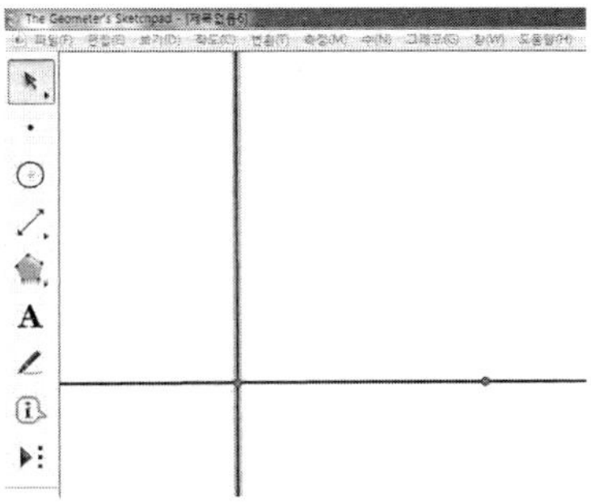

[그림 IV-149]

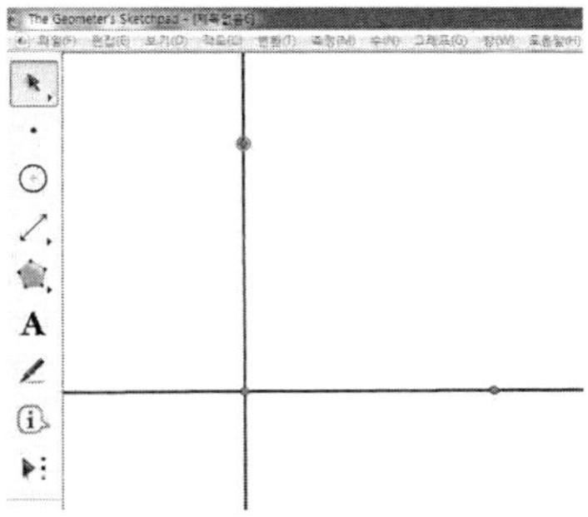

[그림 IV-150]

[그림 IV-151]

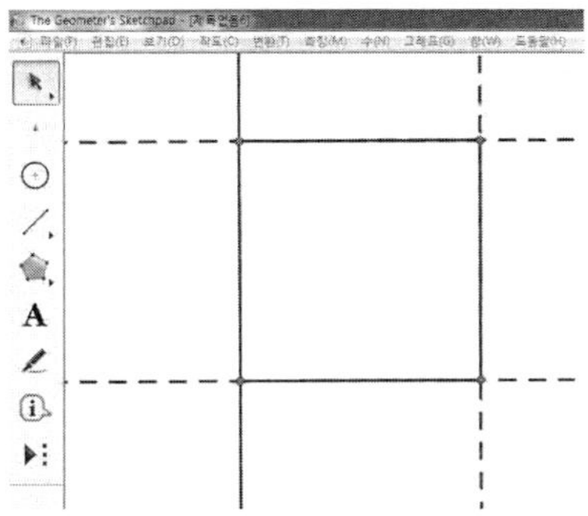

[그림 IV-152]

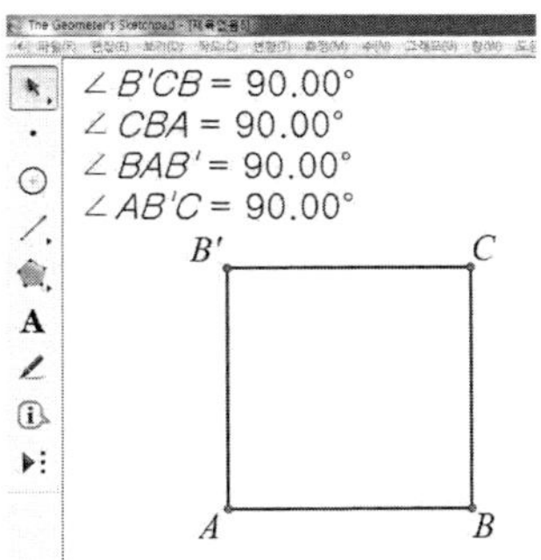

[그림 IV-153]

다음은 한 선분의 회전이동과 수선을 이용하여 그리는 방법이다. 먼저 선분을 그리고([그림 IV-154]) 그 선분의 한 점을 **중심 지정**해서 90도로 **회전이동** 한다([그림 IV-155]). 양 끝점에서 각각의 선분의 수선을 그리면 된다([그림 IV-156]). 그리고 이 두 직선의 교점을 나머지 한 점으로 잡아서 사각형을 만들면 정사각형이 된다([그림 IV-157]). 이 사각형이 정사각형인지는 [그림 IV-158]을 보면 알 수 있다.

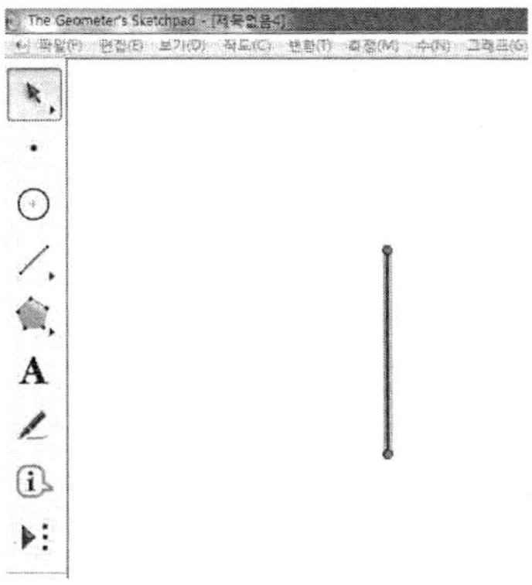

[그림 IV-154]

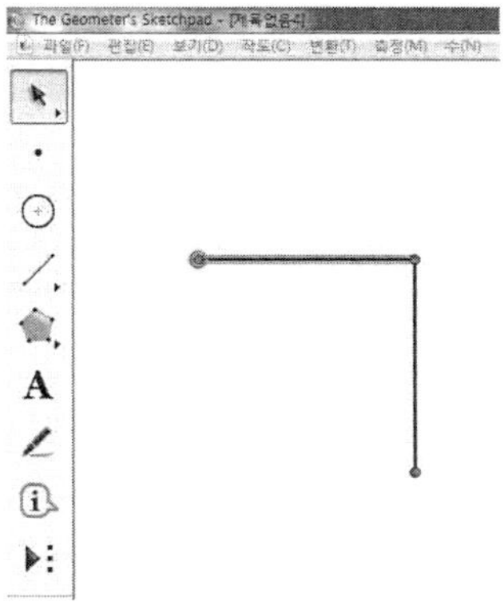

[그림 IV-155]

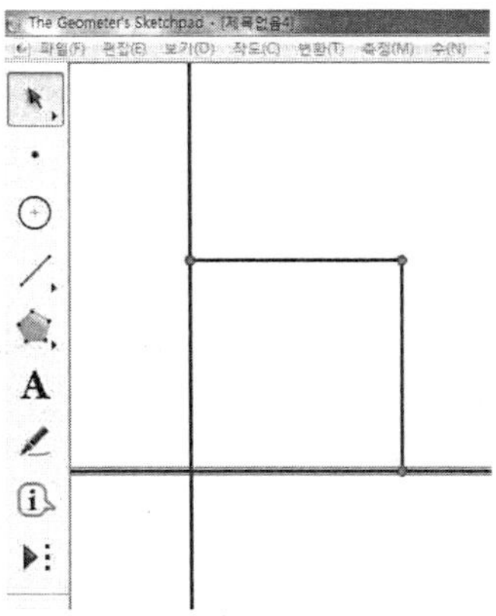

[그림 IV-156]

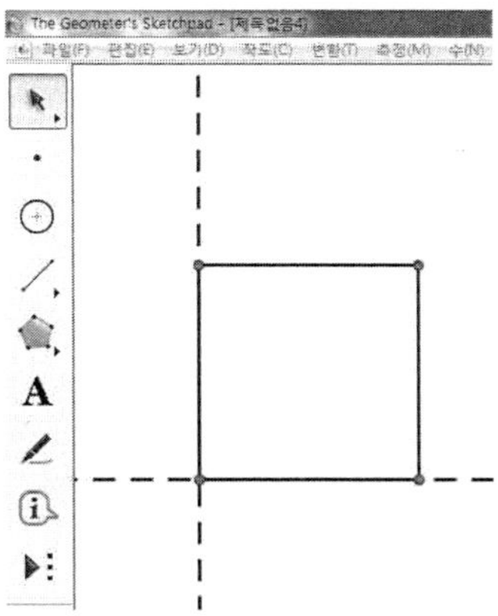

[그림 IV-157]

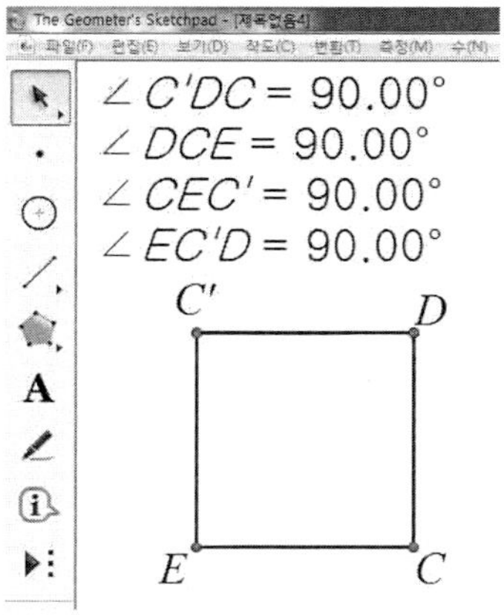

[그림 Ⅳ-158]

다음은 네 변의 길이가 같다는 것을 변환을 이용하여 그려본다. 네 변이 같으려면 중심점에서 꼭지점까지의 거리가 같아야 한다. 그래서 중심점을 그리고 한 꼭지점을 정한다([그림 Ⅳ-159]). 중심점을 주위에 90도씩 회전이동하여 점을 그린다([그림 Ⅳ-160]). 중심을 제외한 네 점을 선분으로 연결하면 정사각형이 된다([그림 Ⅳ-161]).

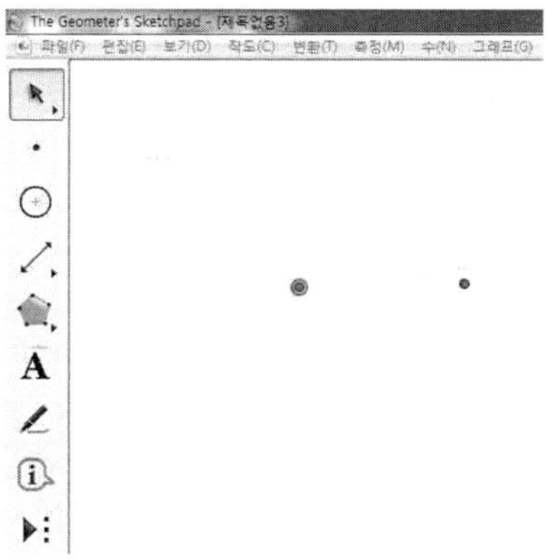

[그림 Ⅳ-159]

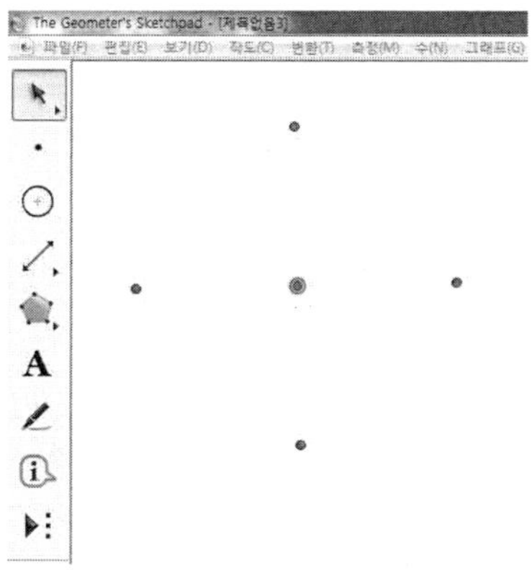

[그림 Ⅳ-160]

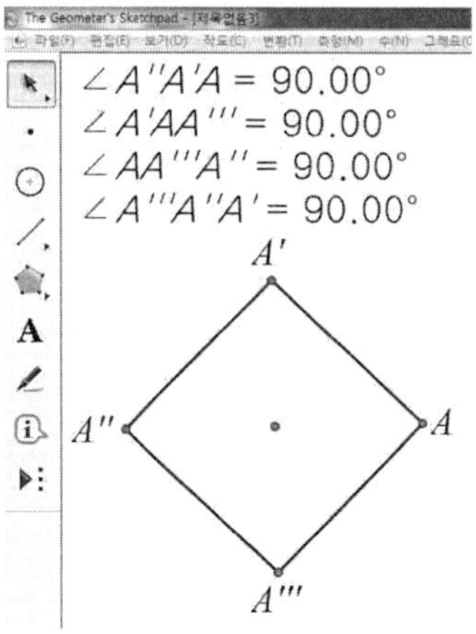

[그림 IV-161]

또 다른 방법은 원을 이용한 방법이다. 수선을 그려서 이 수선의 교점을 원의 중심을 잡고 원을 그린다([그림 IV-162]). 이 원과 직선의 교점을 그린다. 그리고 이 교점을 선분으로 연결하면 정사각형이 된다([그림 IV-163]). 이 사각형이 정사각형임을 [그림 IV-164]를 통해 확인할 수 있다. 그 외에도 많은 정사각형을 그리는 방법이 존재한다.

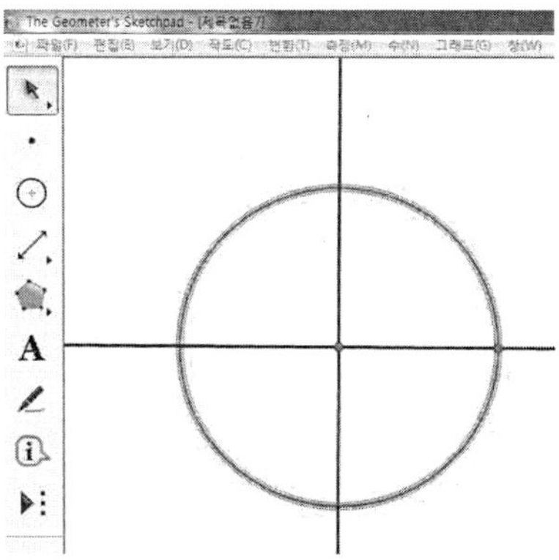

[그림 IV-162]

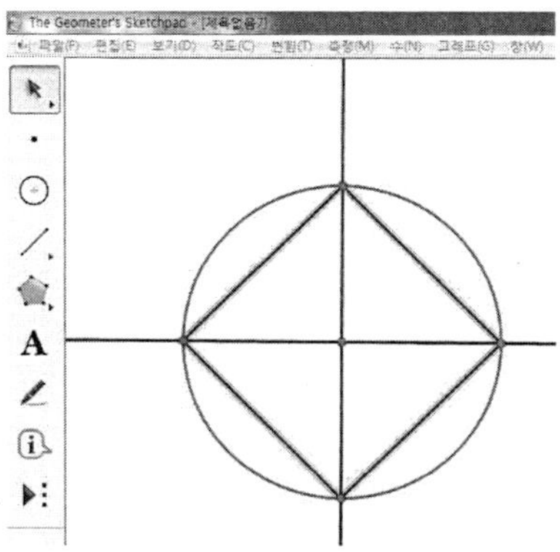

[그림 IV-163]

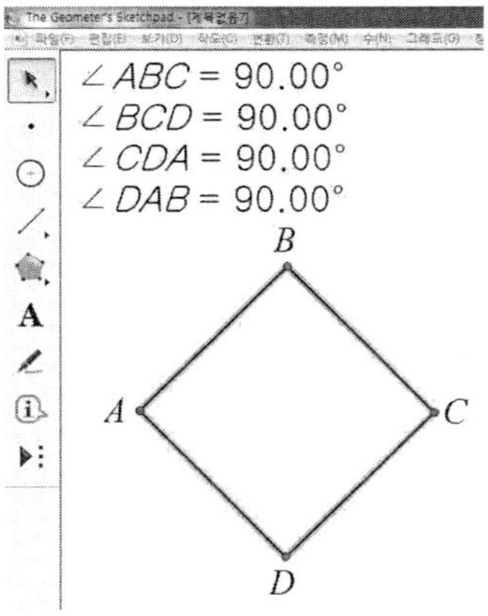

[그림 IV-164]

(8) 마름모 그리기

마름모는 네 변의 길이가 같고, 대각의 크기가 같다는 것을 이용한다. 수선을 이용하여 그리는 방법을 살펴보자. 먼저 **수선**을 그리고 이 두 직선의 교점을 중심으로 180도 회전이동을 해서 대칭인 점을 찍는다([그림 IV-165]). 다른 한 직선에서도 직선 위의 한 점을 그리고 교점에 대칭인 점을 그린다([그림 IV-166]). 이 네 점을 연결하면 된다([그림 IV-167]).

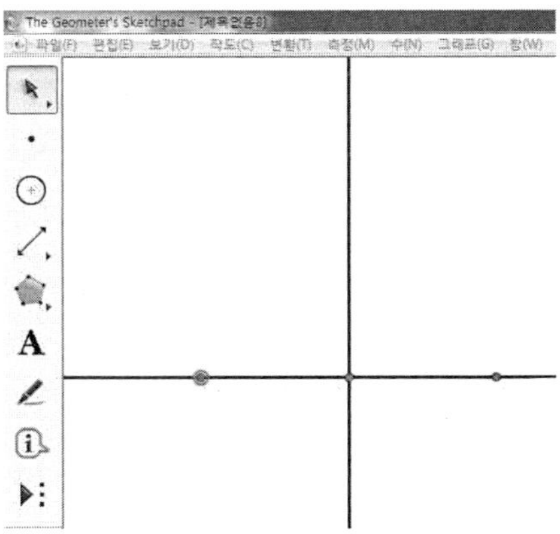

[그림 IV-165]

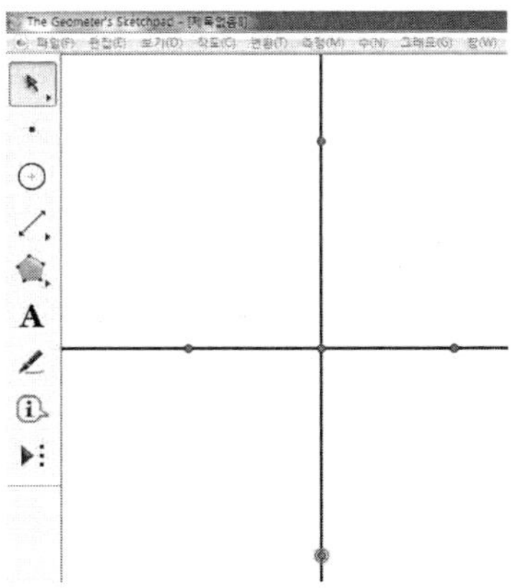

[그림 IV-166]

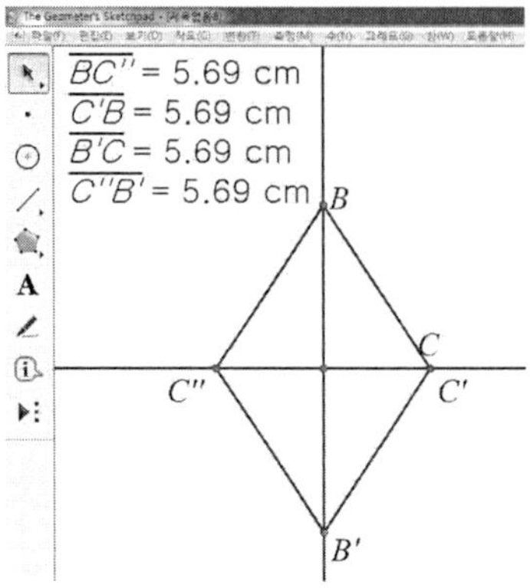

[그림 IV-167]

다른 방법으로는 이전에 정삼각형을 두 개의 원으로 그리는 방법에서 나머지 교점을 연결하면 [그림 IV-168]처럼 된다. 사각형 ABCD는 마름모이지만 어느 점을 잡고 움직여도 각은 바뀌지 않는 한계가 있다.

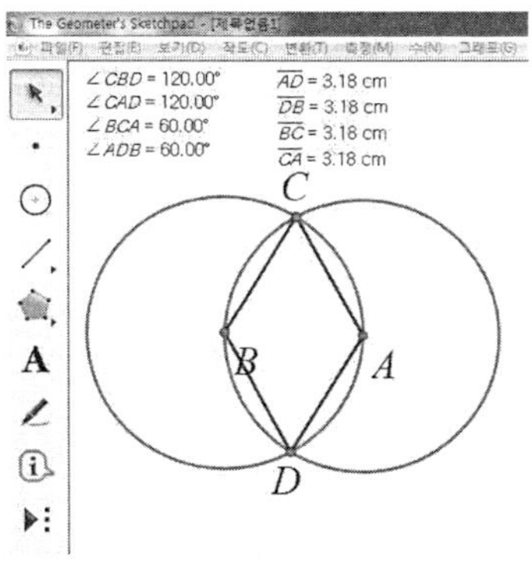

[그림 IV-168]

(9) 삼각형의 외심과 외접원 그리기

삼각형의 외심은 삼각형의 각 변을 수직이등분한 선이 만나는 점이다([그림 IV-169], [그림 IV-170]). 이 외심을 원의 중심으로 삼각형의 한 꼭지점까지 이르는 거리를 반지름으로 삼아 원을 그리면 외접원이 된다([그림 IV-171]).

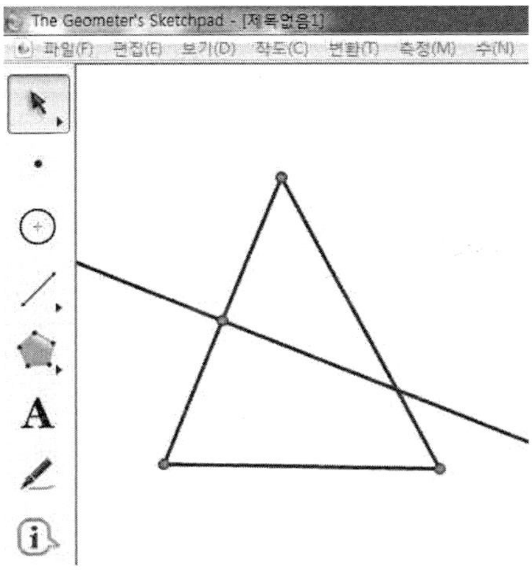

[그림 Ⅳ-169]

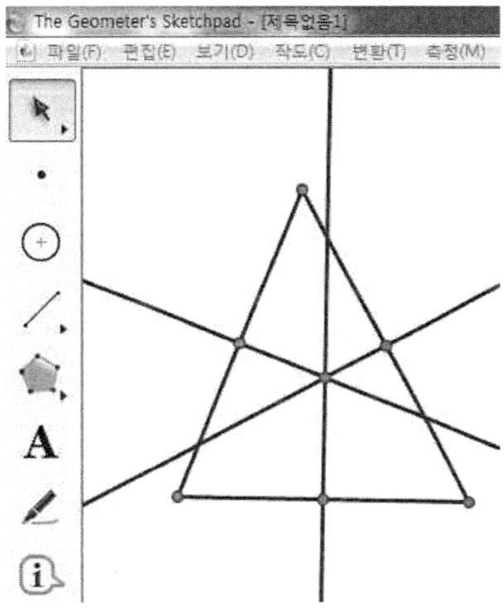

[그림 Ⅳ-170]

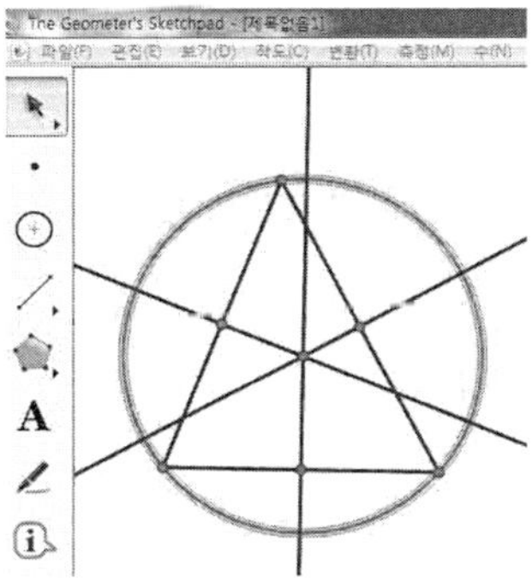

[그림 Ⅳ-171]

(10) 삼각형의 내심과 내접원 그리기

삼각형의 내심은 삼각형의 세 내각의 이등분선이 만나는 점이다([그림 IV-172], [그림 IV-173]). 이 내심을 이용하여 내접원을 그린다. 학생들이 많이 하는 실수는 각 이등분선과 변의 교점을 찾아서 내접원을 만드는 것이다. 이렇게 그리면 내접원이 삼각형 밖으로 튀어나오게 된다([그림 IV-174]). 내접원은 내심을 원의 중심으로 하고 내심에서 변에 내린 수선과 만나는 점까지를 반지름으로 해야 한다([그림 IV-175]).

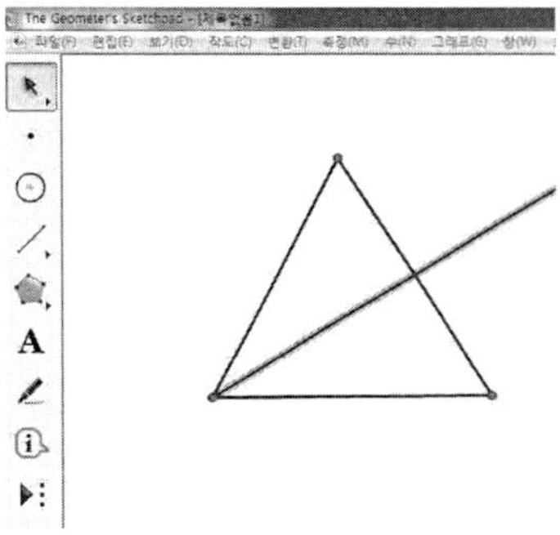

[그림 IV-172]

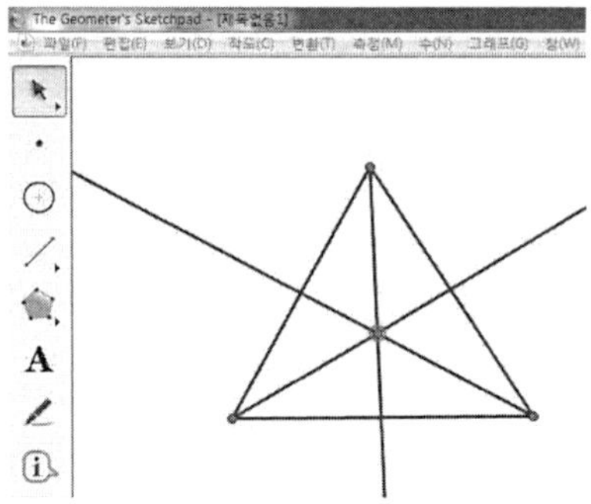

[그림 IV-173]

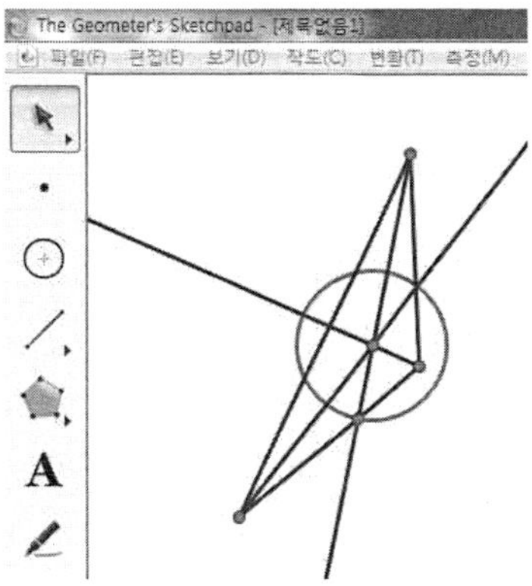

[그림 IV-174]

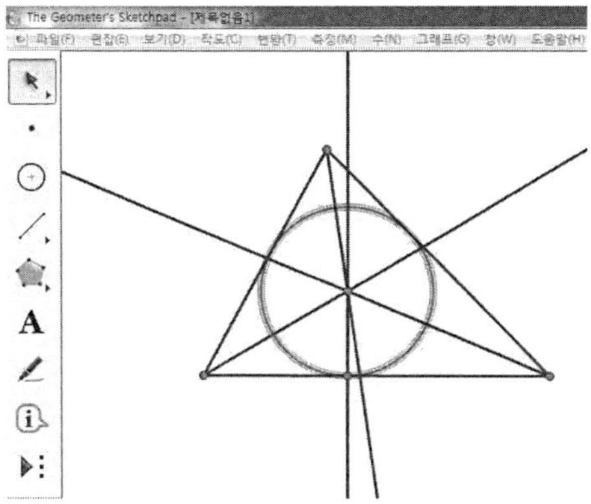

[그림 IV-175]

3) 여러 가지 증명하기

(1) 삼각형의 내각의 합이 180도이다.

우리가 초등학교 때부터 삼각형의 내각의 합이 180도라는 것을 알고 있지만 눈으로 확인해본 적은 없다. 그래서 다음 [그림 IV-176]과 [그림 IV-177]에서처럼 세 각의 합이 180도라는 것을 확인할 수 있다. 뿐만 아니라 삼각형의 세 꼭지점이나 세 변을 움직여도 180도는 변하지 않는다는 것을 확인할 수 있다. 사각형의 내각의 합이나 다른 도형들에 대해서도 그려서 확인해볼 수 있다.

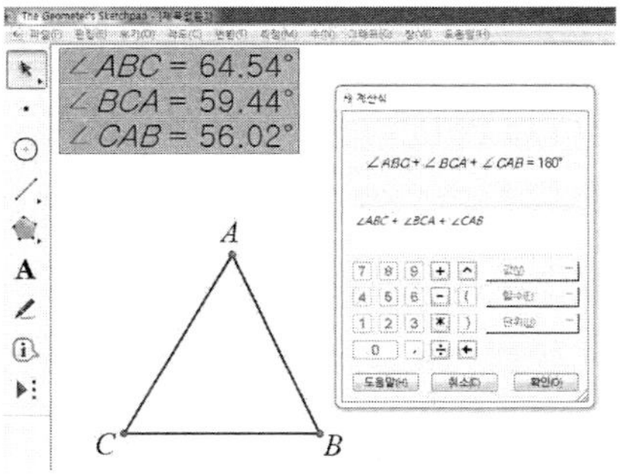

[그림 Ⅳ-176]

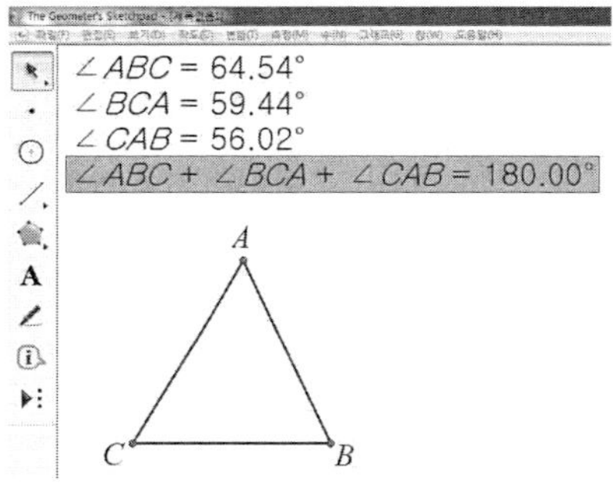

[그림 Ⅳ-177]

(2) 이등변 삼각형의 꼭지각의 이등분선은 밑변을 수직이등분함을 증명

이등변 삼각형에서 꼭지각의 이등분선이 실제로 밑변을 수직이등분하는지 살펴볼 수 있다. [그림 Ⅳ-178]처럼 앞에서 살펴보았던 이등변 삼각형을 작도하고, 꼭지각을 이등분한 선이 밑변을 수직이등분함을 확인할 수 있다. 이 때, 세 꼭지점이나 세 변을 움직여 봄으로써 이 명제가 명확함을 확인할 수 있다.

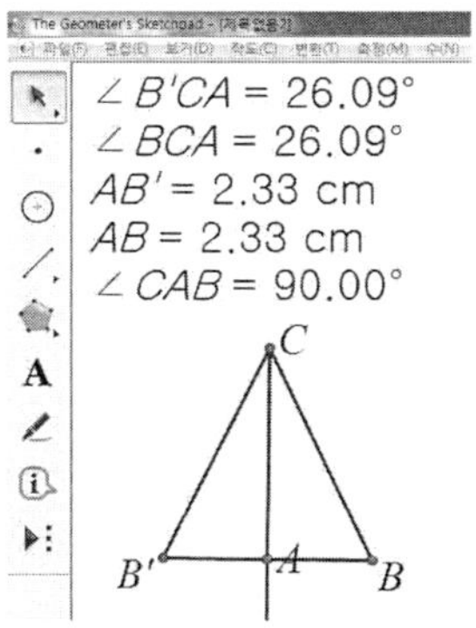

[그림 Ⅳ-178]

(3) 피타고라스 정리 증명

우리가 잘 알고 있는 피타고라스 정리가 어떠한 직각삼각형이라도 성립하는지 확인할 수 있다. 앞에서 살펴본 직각삼각형 그리는 방법과 정사각형을 그리는 방법을 이용하여 그리면 쉽게 그릴 수 있다([그림 Ⅳ-179]). 각 정사각형의 넓이를 측정하고

빗변의 정사각형의 넓이가 다른 두 정사각형 넓이의 합과 같다는 것을 확인할 수 있다. 각 도형이 넓이를 측정할 때는 사각형의 네 꼭지점을 순서대로 클릭하고 **작도**에서 **내부**를 클릭하면 도형의 색깔을 입히게 된다. 그러면 사각형의 내부를 클릭할 수 있고, **측정**에서 **넓이**를 클릭하면 도형의 넓이를 측정할 수 있게 된다.

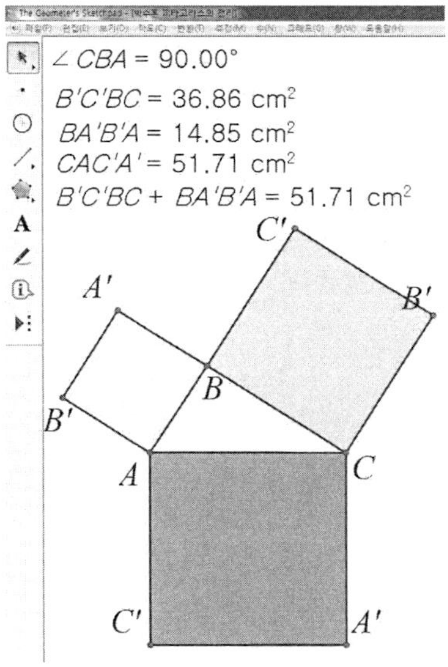

[그림 IV-179]

3 컴퓨터 대수 체계(Computer Algebra Systems: CAS)

1. CAS 란

컴퓨터 대수 체계는 손으로 풀기에 시간 소비가 되는 대수적이고 미적분에 기초한 과다한 문제들을 해결하기 위해 수학자들에게 허락된 컴퓨터 프로그램이다. 방정식, 도함수, 적분의 체계는 CAS 특징을 가지고 있는 Mathematica, Derive, Maple 등과 같은 프로그램을 사용하여 풀 수 있다(Heid, 1984). 즉, CAS는 개인이 지필로 하기에 인지적으로 부담이 되는 계산이나 그래프 그리기를 빠르게 실행시켜주는 컴퓨터 소프트웨어를 의미한다(류희찬, 2005). 소프트웨어의 기호 조작을 강조한 이후에 "컴퓨터 대수 체계"나 "CAS"용어는 약간의 오해를 불러왔다. 비록 Mathematica와 Maple과 같은 좀 더 강력한 소프트웨어 패키지가 있음에도 불구하고, 사람들이 "CAS"용어를 들을 때, 대부분 그래픽 계산기로서 그래픽과 표를 가진 것으로 생각한다(Dick, Dion, & Wright, 2003). 이는 주로 그러한 의미로 사용해 왔기 때문일 것이다. 대부분의 연구자들이 사용하는 CAS Calculator의 의미는 CAS 기능이 들어있는 계산기를 의미한다. 하지만 CAS는 컴퓨터 대수 체계의 약자이기도 하지만 CAS 기능이 들어있는 계산기의 의미도 포함하고 있다. 그리하여, 'CAS 사용'이라는 말은 컴퓨터 대수체계를 사용한다는 의미와 CAS 기능이 들어있는 계산기를 사용한다는 의미를 모두 담고 있다(김인경, 2005). 더 나아가, CAS의 대수적인 힘에 덧붙여서, 전형적인 CAS의 순수한 계산적인 힘은 교육과정의 비대수적인 단편들을 강화시키기 위한 잠재성을 준다. 대부분의 CAS 실행은 세련된 그래픽적인 기계적 절차, 정확성을 가진 매우 큰 입력값을 다룰 수 있는 수학적 기능, 심지어 평가 무제한의 가능성을 포함하고 있다. 이런 의미에서 CAS보다 오히려, 사실 컴퓨터 수학체계(Computer Mathematics Systems: CMS)이다(Cuoco, 2003). 결론적으로 CAS는 대수와 함수교육에서 도표, 그래프, 수식 사이의 연결성을 강화시킬 수 있으며 각각의 표현을 "변화시킬 수 있는" 힘을 가진 변환도구이며, 대상으로서의 함수를 조작할 수 있는 수학적 사고의 확장 도구이며, 대수적 상황에서 사고를 유발시키는 피드백 도구이며, 대수적 문제해결을 위한 문제해결 도구이다. 이러한 CAS의 기능을 열거하면 다음과 같다(류희찬, 2005).

- 수학적 관계를 시각화할 수 있게 됨으로써 수학적 개념과 관계에 대한 학생들의 탐구활동을 촉진한다.
- 기호조작이 아닌 방법으로 방정식이나 부등식의 해를 정확히 구할 수 있게 해준다.
- 대수적 조작 활동을 통해 구한 근을 뒷받침하는 수치적 해나 그래프 해를 보여줌으로써 대수적 조작에 대한 의미를 강화시켜준다.
- 그래프적, 수치적, 기호적 표현 사이의 관련성을 분명하게 인식하게 한다.
- 실제적 상황에 대한 모델링 활동을 촉진한다.
- 기호적 패턴에 대한 탐구 활동을 통해 기호 감각을 개발시키는데 도움을 줄 수 있다.
- 수학 수업을 기호 조작 자체보다는 기호 조작의 이면에 있는 원리에 집중할 수 있게 해준다.

뿐만 아니라, Heugl(2001; 남선주, 남문희, 2005, 재인용)은 기본적인 대수적 능력을 항이나 공식을 찾는 능력, 구조를 인식하고 항의 동치성을 인식하는 능력, 검사능력, 계산 능력, 시각화 능력, modules로 연구하는 능력, CAS를 사용하는 능력으로 분류하고 CAS가 이런 수학적 능력을 지원해 준다고 주장한다. 이러한 기능들을 바탕으로 얻을 수 있는 효과는 다양하다. 첫째, 지식을 자주적으로 구성하는 자기주도적 학습을 가능하게 한다. 둘째, 기본 개념을 컴퓨터와 구체적인 활동을 통해 학습할 수 있게 한다. 셋째, 귀납적 사고 경험의 기회를 제공하게 한다. 넷째, 수학학습에 긍정적인 태도를 기를 수 있게 한다(류희찬, 2005). Edwards(2003)가 주장하는 중등학교에서 CAS의 효과는 다음과 같다.

- 학생들은 대수 표현의 단순화 과정과 풀이를 보다 빠르고 정확하게 해결할 수 있다.
- 풀이와 단순화에 대한 실험이 가능하다. 따라서 패턴인식이 대수 교수의 초점이 된다.
- 손으로 했던 대수 조작의 초점이 대수자료 해석에 대한 관심으로 이동한다.

뿐만 아니라, CAS 사용으로 인해 학생들에게 분석적인 능력과 추측하는 기술의 발달을 가져올 수 있다고 한다(Garry, 2003). 그 이유는, 첫째, 도구가 효율적으로 정확한 정보를 제공해주고, 둘째, 패턴 인식을 용이하게 하기 위해 정보를 보여주며, 셋째, 가능한 긴 계산이라는 지루한 작업을 없애주고, 넷째, 특정한 결과를 입증할 수 있으며, 다섯째, 심지어 증명의 몇 단계를 수행해 주기도 한다는 것이다.

이러한 기능들을 가진 CAS 계산기는 다음 [그림 IV-180]과 같이 분류할 수 있다. 과거 초기의 계산기는 수치만 계산할 수 있었다. 그래서 이 계산기를 수치 계산기라고 부르기도 한다. 이후 그래픽 계산기가 등장하면서 그래프까지 그릴 수 있게 되었다. 그리고 1996년 TI-92 ([그림 IV-181])라는 CAS 계산기가 등장하면서 문자계산 즉, 기호 대수적 기술까지 사용 가능하게 되었다. 다시 말하면, 수치, 그래픽, 기호 대수적 기술까지 다룰 수 있는 계산기를 CAS 계산기라고 부른다. 이들을 통틀어서 계산기라고 부른다. 이 세 가지 기능 중 기호 대수적 기술만 쓸 수 없으면 그래픽 계산기라고 부른다. 그래서 그래픽 계산기를 비CAS 계산기라고 부르기도 한다.

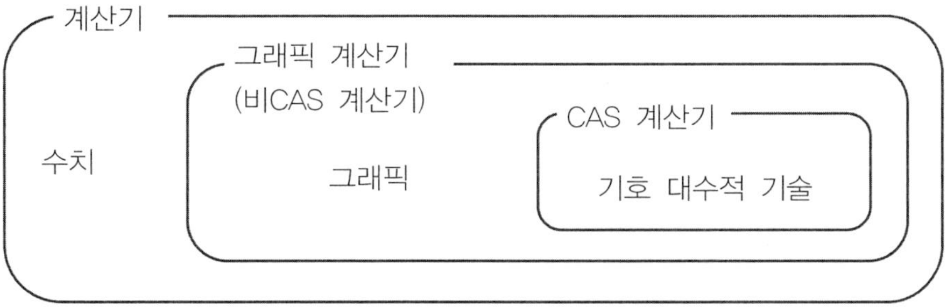

[그림 IV-180] CAS 계산기의 포함관계

[그림 IV-181] TI-92

CAS가 들어있지 않다는 것만 제외하고는 CAS 계산기가 가지고 있는 장점을 다 가진 그래픽 계산기는 CAS 계산기와 마찬가지로 컴퓨터에 비해 가격이 저렴하고, 사용하기 쉽고, 휴대가 간편하기 때문에 수학 학습에 유용한 소형 컴퓨터와 같은 역할을 한다(김인경, 2008). 수학교육에서 그래픽 계산기 사용은 교수-학습의 내용, 방법, 환경, 정의적 측면 등에서 많은 변화를 가져올 수 있다(Dunham & Dick, 1994; Lanughbaum, 1998). 첫째, 그래픽 계산기는 교수-학습 내용을 변화시킬 수 있다. 둘째, 그래픽 계산기는 교수-학습 방법을 변화시킬 수 있다. 셋째, 그래픽 계산기는 교수-학습 환경을 변화시킬 수 있다. 넷째, 그래픽 계산기는 교수-학습의 정의적 측면을 변화시킬 수 있다. 그래서 그래픽 계산기를 수업에 이용할 경우 얻을 수 있는 이점은 다음과 같다. 첫째, 복잡한 계산을 간단히 할 수 있으며 일반적인 계산기와 다르게 자신이 행한 계산과정이 화면에 표시되어 자신의 오류를 쉽게 찾아낼 수 있다. 둘째, 관계식의 그래프 또는 도형의 작도 및 조작 등의 구체적인 조작활동을 통해 학생들의 직관적인 이해를 도울 수 있고, 정답 또는 정리의 성립 유무를 시각적으로 확인해 볼 수 있다. 셋째, 교사의 일방적이고 획일적인 수업전개에서 벗어나 학습자가 스스로 학습활동에 참여함으로써 수학에 대한 흥미와 동기 유발을 할 수 있다. 넷째, 컴퓨터에 비해 휴대가 간편하여 장소에 구애받지 않고 사용할 수 있다. 그리하여, 수학 교수-학습 과정에서 그래픽 계산기의 활용은 학습자의 활동이 중시되는 교육과정에서 지필 수업 중 제한되었던 시각적, 공간적 표현을 가능하게 하고, 학생들의 개별적인 계산기 조작을 통해 수학을 직접 체험함으로써 수학적 흥미와 이해를 극대화할 수 있을 것으로 기대된다(최경수, 2005).

이러한 장점을 살려 교수학습에 그래픽 계산기를 사용한 후 학생들의 변화를 살펴본 연구들은 여러 가지 장점을 제시한다. 첫째, 학생들은 좀 더 나은 그래픽 이해를 가진다(Browning, 1989). 둘째, 그래픽 계산기를 사용한 학생들은 좀 더 나은 문제해결자가 될 수 있다. 그래픽 계산기를 사용한 학생들이 문제에 접근할 때 좀 더 유연성을 가지기 때문이다(Boers-van Oosterum, 1990). 셋째, 학생들이 그래픽 계산기를 가지고 문제해결을 할 때 좀 더 자신감을 가진다(Quesada, 1996). 넷째, 교실에서 그래픽 계산기를 사용하는 학생들이 좀 더 활동적인 학습자가 된다(Dunham, 1993). 그래픽 계산기의 그래픽 도구들은 다음과 같은 방법으로 기술공학 세계에서의 대수 내용에 영향을 미칠 수 있다고 보았다(Heid, 1995).

- 그래픽 도구들은 신속히 관계를 시각화한다.
- 그래픽 도구들은 기호조작만으로 가능하지 않은 방정식과 부등식의 정확한 해를 구한다.
- 그래픽 도구들은 대수적 조작을 통해 나타난 해를 뒷받침하는 수적이고 그래픽적인 해를 제공한다.
- 그래픽 도구들은 학생들의 탐구를 촉진시키고 임의의 표현을 다른 표현으로 변화시키는 것에 따른 효과에 대한 이해를 증진시킨다.
- 그래픽 도구들은 관계와 수학적 개념에 대한 탐구를 조장한다.
- 그래픽 도구들은 실제 상황에 대한 "what if" 모델링을 활성화시킨다.

그리하여, 그래픽 도구가 학생들에게 대수 시작을 위한 새로운 표현 세계의 장을 여는 반면에, 기호조작 도구는 손에 의한 기호 조작을 학교수학교실에서 덜 강조하게 된다. 기계적인 절차의 숙달에 집중하는 대신에, 학생들은 기호가 의미하는 것에 집중할 수 있을 것이다(Heid, 1995).

이렇게 CAS 계산기와 그래픽 계산기로 인해 수치 계산기가 필요없어지는 것은 아니다. 특히, 초등교육에서는 수치 계산기 이용을 많이 주장하고 있다. 사실, 계산기가 이용된다고 해서 기본적 계산 지식을 학습하며 암산을 하거나 합리적인 지필 계산을 할 필요성이 없어지는 것은 아니다. 교실 경험에 의하면, 어린 아동들은 계산기에 대해 어떤 상식적인 생각을 가지고 있으며 다른 방법으로 계산하는 것이 더 적절한 경우에는 계산기에 의존하지 않는다. 그러나 계산기의 이용은 교육자들이 다양한 계산 방법에 대한 폭넓은 생각을 가져야 하며, 지필에 의한 복잡한 계산을 덜 강조해야 함을 의미한다. 또한, 계산기의 사용은 계산한 결과가 타당한지 아닌지를 아동들이 인식할 수 있도록 가르치는 데 강조점을 두어야 한다(NCTM, 1989). 예를 들면, 학생은 계산이 필요할 때 근사해를 구할 것인지 정확한 해를 구할 것인지 먼저 결정해야 하며, 적절한 방법을 선택하여 다양한 방법으로 계산을 할 수 있도록 지도해야 하고, 그 답의 타당성을 판단할 수 있어야 한다. 수학 학습에서 계산기 활용에 관한 문헌 및 선행 연구물 분석을 통하여 계산기 활용의 필요성은 다음과 같이 3가지 측면을 분석할 수 있다(권성룡 외, 2009).

■ **사회 · 문화적인 측면**

1. 계산기는 일상생활의 도구이다.
2. 계산기는 다양한 기능을 가진 교구이다.
3. 현 사회에서는 능숙한 지필 계산 기능을 더 이상 요구하지 않는다.
4. 계산 교육의 목적이 변화하고 있다.

■ **학습의 정의적인 측면**

1. 수학에 대해 흥미를 갖게 해야 한다.
2. 계산에 따르는 정신적인 부담을 줄여야 한다.
3. 수학의 가치와 역동성을 알게 해야 한다.
4. 수학 학습에 대한 자신감을 갖게 해야 한다.

■ **인지적인 측면**

1. 초등학교 수학교육은 개념 중심이 되어야 한다.
2. 다양한 계산 방법을 가르쳐야 한다.
3. 문제 해결 학습을 강화해야 한다.
4. 고차적인 사고력을 배울 환경과 기회를 제공해야 한다.

이러한 많은 좋은 기능을 가지고, 많은 필요성에 의해 계산기를 사용한다고 모든 것이 이루어지는 장점만 가진 것은 아니다. CAS 활용 시 다음과 같은 지도상의 유의점이 있다(류희찬, 2005). 첫째, 컴퓨터와 CAS의 기능 숙달이 먼저 이뤄져야 한다. 둘째, 학생들이 지나치게 CAS에 의존하지 않도록 세심하게 지도한다. 셋째, 교사는 주제별로 CAS 학습 자료를 준비하여 활용할 수 있게 하며, 여러 교사들과의 협의를 통해 자료를 공유하며 교환·발전시킬 수 있도록 하여야 한다. 넷째, 컴퓨터를 이용한 학습은 교사의 지도 방법에도 변화가 있어야 하지만, 무엇보다도 학생들의 수업 태도도 지금보다 능동적으로 바뀌어야 한다. 다섯째, 학생들이 직접 그래프를 그리는 것을 경시하거나 기본적인 그래프를 그려봄으로써 그 함수를 이해할 수 있다는 사실을 간과해서는 안 된다. 여섯째, 항상 컴퓨터의 이용이 지필 환경보다 우수하다고 할 수 없으므로, 지필 환경에서도 충분히 학습 가능한 내용들은 굳이 컴퓨터 화면으로 구성하려고 하지 말아야 한다.

2. CAS 계산기 활용

다음 [그림 IV-182]는 CAS 계산기 중의 하나인 TI(Texas Instruments)사의 n-spire cx라는 계산기이다. 그림의 화면에 뜬 것이 제일 처음 뜨는 메인화면이다. 자판은 크게 두 가지로 볼 수 있다. 버튼 위에 쓰인 흰 글씨로 된 것들은 일반적으로 그냥 누르면 나타나는 것이고, 버튼이 아닌 계산기 표면에 파랗게 쓰인 글씨들은 ctrl(control) 키를 누르고 난 다음 누르면 나타나는 것이다.

계산기를 사용하기 여의치 않을 때에는 TI에서 제공하는 데모버전을 사용하면 된다. 이는 계산기를 컴퓨터상에서 사용할 수 있도록 프로그램 된 것이다. https://education.ti.com으로 들어가면 다음 [그림 IV-183]과 같은 화면이 뜬다. 영문이라도 어렵지 않다. 메뉴바에서 Downloads에서 TI-nspire Technology를 클릭해서 Software, OS Updates and Apps를 선택하면 [그림 IV-184]가 나타난다.

[그림 Ⅳ-182] TI-nspire cx CAS 계산기

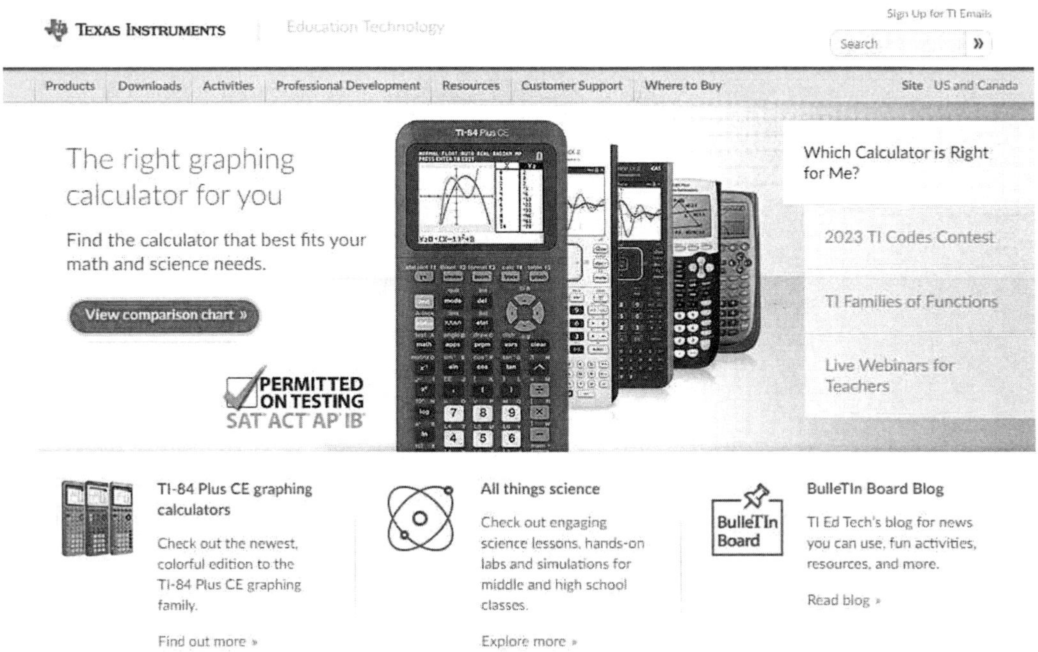

[그림 Ⅳ-183] TI 홈페이지

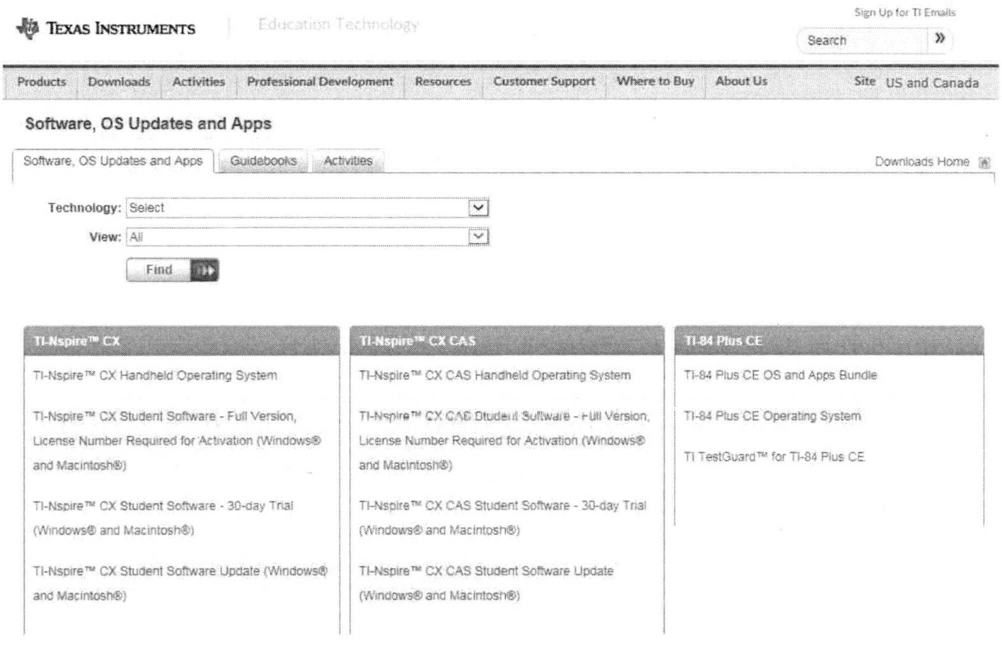

[그림 Ⅳ-184]

여기서 가운데 CX CAS 중 세 번째 30일 데모 버전을 사용하면 된다. 이는 30일 동안 무료로 사용할 수 있다. 이 프로그램을 다운 받으면 다음 [그림 Ⅳ-185]와 같은 메인 화면이 나타난다. 여기서 왼쪽의 창에서 가운데 계산기를 클릭하면 계산기와 동일한 형태로 사용할 수 있다([그림 Ⅳ-186]). 화면에 메뉴를 누르라고 뜨는데 왼쪽 계산기에서 메뉴를 클릭하면 [그림 Ⅳ-187]과 동일한 화면이 나타난다.

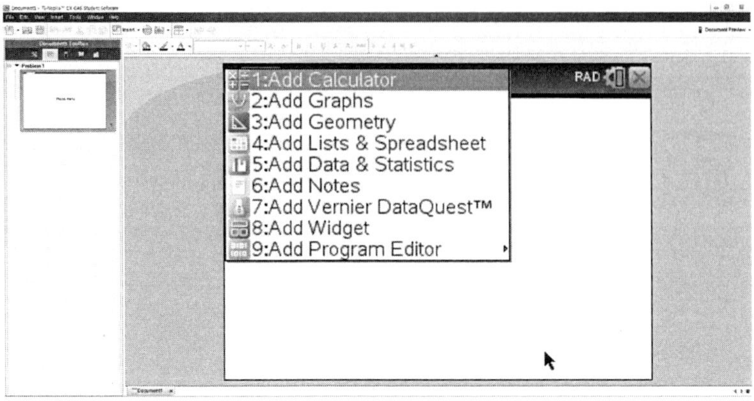

[그림 IV-185]

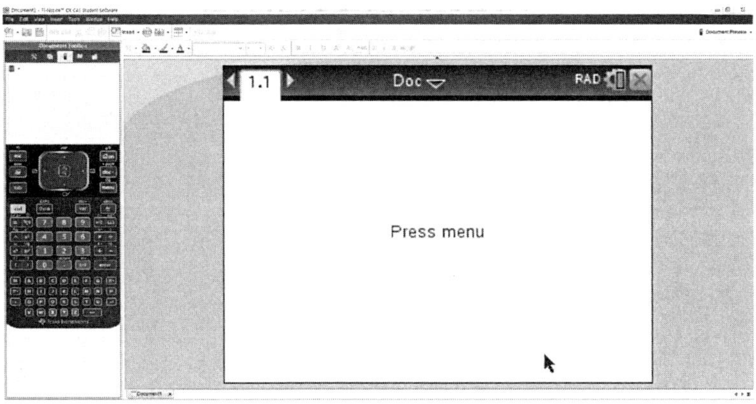

[그림 IV-186]

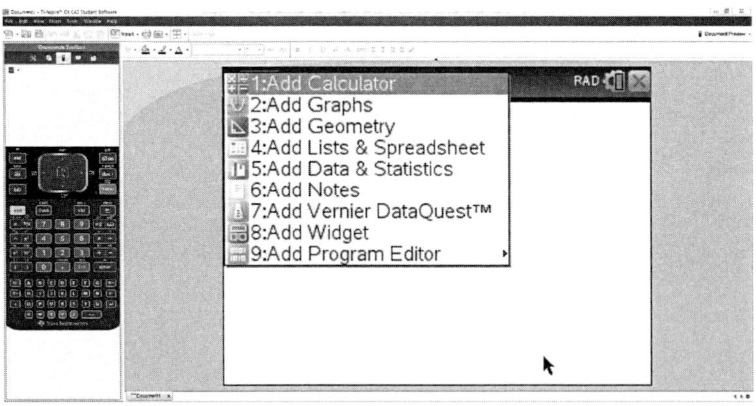

[그림 IV-187]

1) 문자계산

계산기를 기준으로 설명을 해보면, 가운데 큰 직사각형 모양에 네 방향으로 사각형이 그려진 버튼이 방향키이다. 제일 먼저 메인화면([그림 IV-182])에서 New Document를 눌러서 1.Add Calculator([그림 IV-187])를 누르거나 아이콘 중 첫 번째인 사칙연산이 그려진 아이콘을 누르면 대수계산이 가능한 계산기로 들어간다([그림 IV-188]). 이제 대수 계산을 해보자.

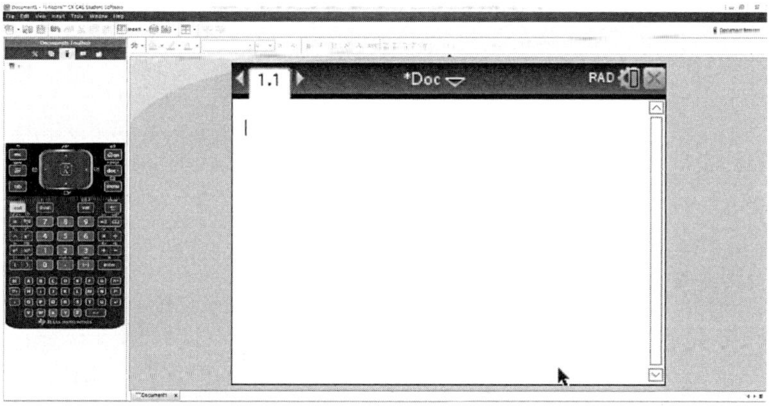

[그림 IV-188]

먼저, 숫자계산인 $\frac{2^8 \cdot 43}{12}$를 구한다고 하자. 화면에 이 수식을 넣는 방법은 분자에 분모를 나눈다고 넣어도 되고, 분수 모양에 두 값을 넣어도 된다. 먼저 첫 번째 방법은 [그림 IV-189]처럼 순서대로 넣으면 된다. 두 번째 방법은 9옆의 버튼([그림 IV-190])을 누르면 [그림 IV-191]이 나타난다. 그러면 첫 번째 아이콘인 분수모양을 클릭해서 값을 대입하고, enter키를 누르면 [그림 IV-192]처럼 답과 같이 제시된다. 같은 상황에서 enter키를 누르지 않고, ctrl을 누르고 enter키를 누르면 소수점으로 답이 제시된다([그림 IV-193]).

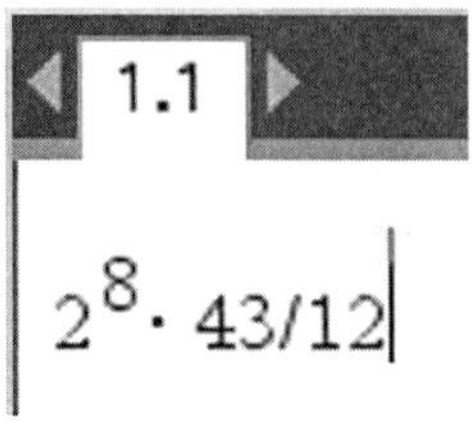

[그림 IV-189]

[그림 IV-190]

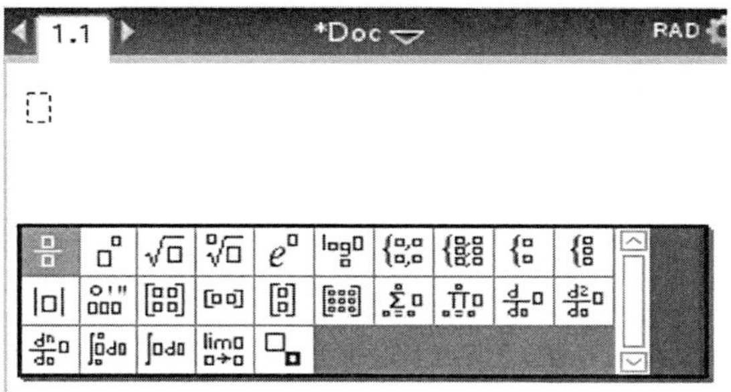

[그림 IV-191]

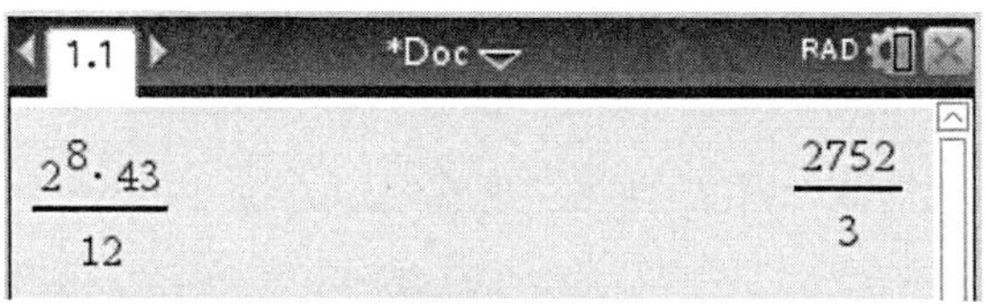

[그림 IV-192]

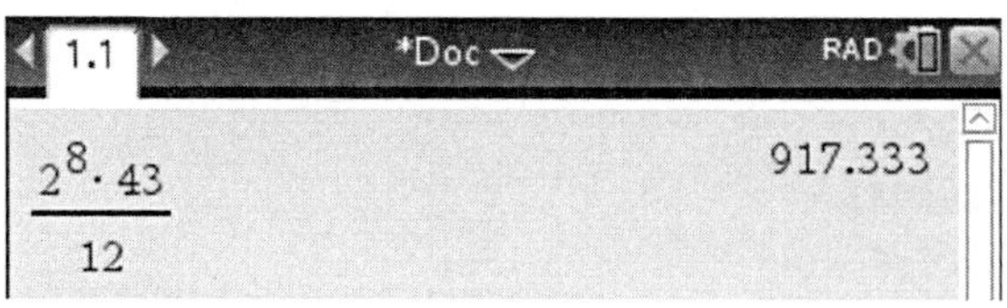

[그림 IV-193]

CAS 계산기의 특징인 문자 계산도 가능하다. 일반적인 계산기들은 문자를 인식할 수 없지만 CAS 계산기만이 문자계산을 할 수 있다. 가장 쉬운 것으로 $2x+3y-7x+5y$를 계산한다고 하자. 먼저 화면에 이 수식을 치고, enter키를 치면 [그림 IV-194]와 같이 간단히 계산하여 준다.

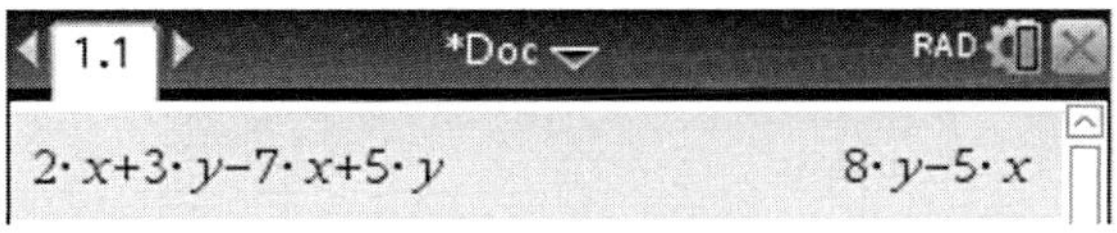

[그림 IV−194]

이제 방정식에 대해 살펴보자. 앞에서 CAS의 흰 상자-검은 상자의 원리를 설명한 적이 있다. 이를 적용히여 살펴보자. 먼서 흰 상자의 기능은 계산과정을 투명하게 살펴볼 수 있도록 하는 것으로, 학생들이 문제를 해결할 때 계산 원리나 적용 방법 등을 직접 생각해서 적용해야하는 것이다. $2x+5=4x-3$을 계산한다고 하자. 그러면 제일 먼저 $4x$를 이항하기 위해 양변에 $4x$를 빼어준다. 그러려면 [그림 IV-195]처럼 양변에서 $4x$를 뺀다는 의미로, 식 전체에 괄호를 하고 $4x$를 뺀다. 그러면 계산된 식이 오른쪽에 나타난다. 그 다음에 이 식을 이용하여 계산하여야 하므로, 이 식을 클릭해서 enter키를 치면 그대로 다음 칸에 복사가 된다. 그러면 이제 좌변의 5를 이항해야 하므로 양변에 5을 빼준다([그림 IV-196]). 그러면 $-2x=8$이 나타난다.

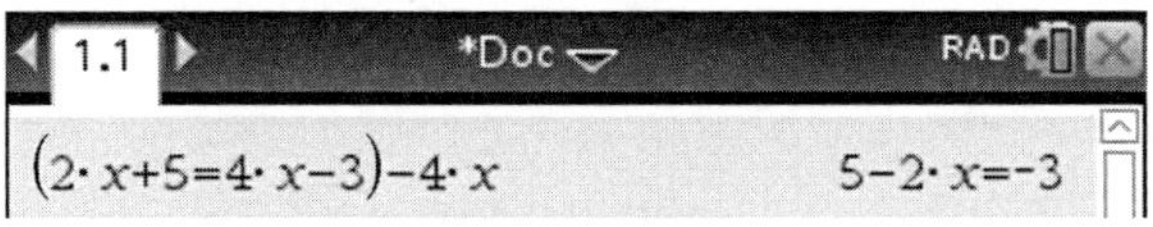

[그림 IV−195]

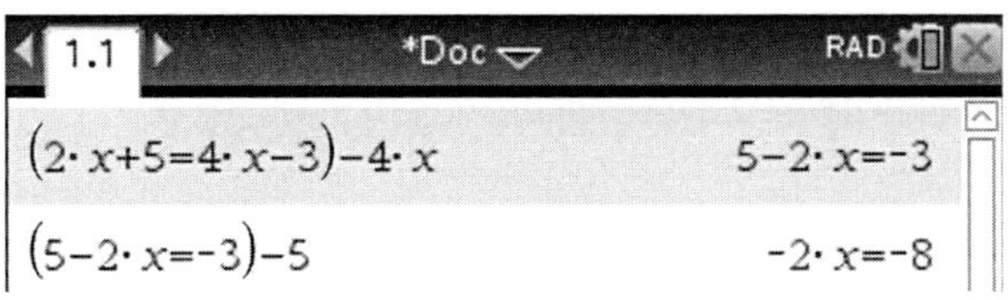

[그림 IV−196]

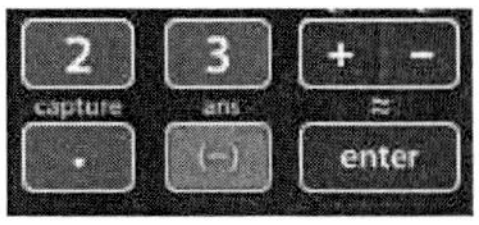

[그림 IV-197]

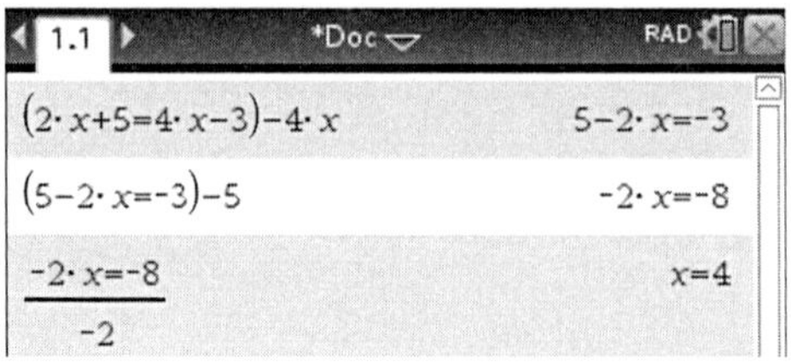

[그림 IV-198]

여기서 양변에 −2를 나누어 주어야 한다. 이때, -2 즉, 음수 2는 사칙연산의 −가 아닌 (-) 버튼을 사용해야 한다([그림 IV-197]). 이 CAS 계산기는 음수와 뺄셈을 구분하고 있으므로, 명확한 기호(버튼)를 사용하여야 한다. 그래서 $-2x=8$의 양변에 −2를 나누어 주면, $x=4$가 나타남을 알 수 있다([그림 IV-198]). 이때 $(-2x=8)$/−2로 입력하면 분수형태로 나타난다. 지금까지의 사용이 흰 상자의 원리로 CAS 계산기를 사용한 것이라면, 다음 [그림 IV-199]처럼 solve 명령어를 사용하여 한 번에 x의 해를 구하는 것으로 검은 상자의 원리에 해당한다. 즉, solve 명령어를 쓰면 어떤 원리로 어떻게 계산하는지 알 수 없고, 결과만 알 수 있다. 여기서 solve 명령어만 입력하여 식을 넣으면 해결할 수 없다는 창이 뜬다. 방정식을 넣을 때, 어떤 문자에 관해 식을 정리하여 해를 구하여야 하는지 명확히 제시해야한다. 그러므로 괄호 안에 ,x를 넣어서 x에 관하여 푼다는 것을 명확히 입력해야한다.

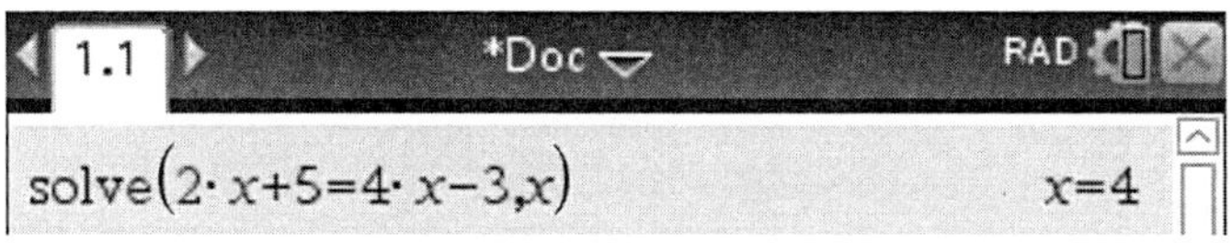

[그림 IV-199]

[그림 IV-191]에 나온 일반적인 수식 아이콘들을 사용하여 다양한 연산들을 할 수 있다. 예를 들어, $\sum_{k=1}^{n} k$를 계산한다고 하자. [그림 IV-190]에서 제시한 버튼을 눌러서 [그림 IV-191]의 $\sum$ 버튼을 누르면 [그림 IV-200]과 같이 나타난다. 여기서 문자와 숫자를 넣으면 된다. 그러면 우리가 알고 있는 그 식이 [그림 IV-201]처럼 나타난다.

[그림 Ⅳ-200]

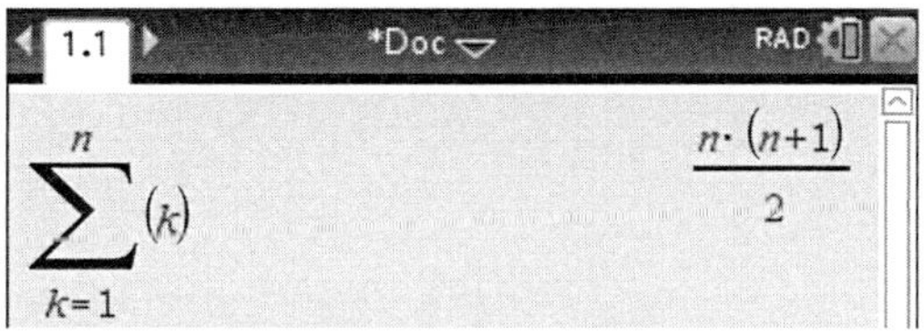

[그림 Ⅳ-201]

[그림 IV-191]에 있는 여러 가지 수식말고도 명령어를 이용해서 계산하는 방법도 있다. 가장 많이 사용하는 인수분해와 전개에 대해서 살펴보자. 인수분해를 하는 명령어 Factor를 바로 입력해도 되고, menu버튼을 누르면 [그림 IV-202]이나 [그림 IV-203]과 같이 나타나는 여러 명령어 중에 Factor를 선택해도 된다.

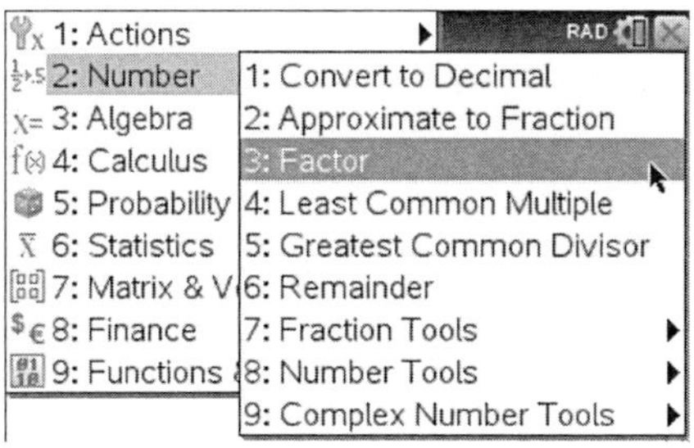

[그림 Ⅳ-202]

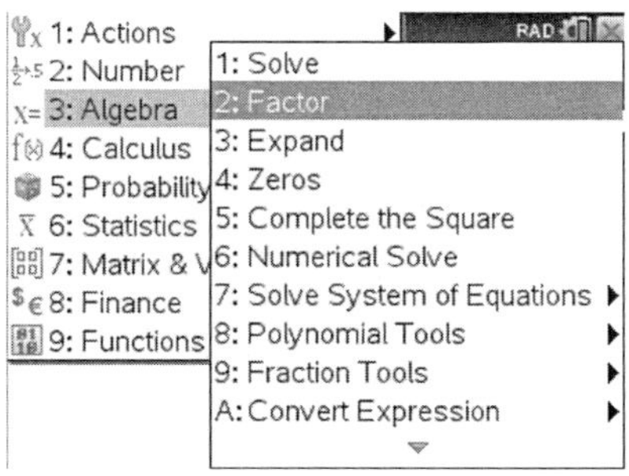

[그림 Ⅳ-203]

이제 우리가 잘 알고 있는 x^2-1를 인수분해 해보자. [그림 IV-204]처럼 입력하면 [그림 IV-205]처럼 바로 값을 알 수 있다. 또한, x^2-a를 인수분해 해보자. 같은 방법으로 하면 계산이 안 되고 입력한 식으로 나타난다([그림 IV-206]). 이는 문자가 두 개이므로 어떤 문자에 관해 인수분해할지 정해주어야 한다. 그래서 , 뒤에 어떤 문자로 인수분해할지 정해주면, 인수분해가 나타난다. 여기서는 식 뒤에 x에 관해서 인수분해 한다(, x)고 하면 [그림 IV-207]과 같이 나타난다.

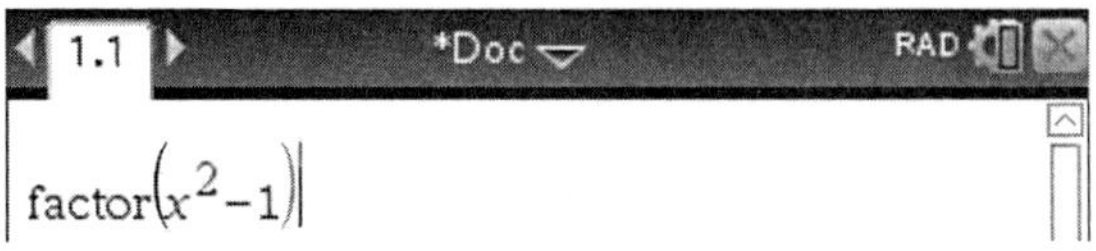

[그림 IV-204]

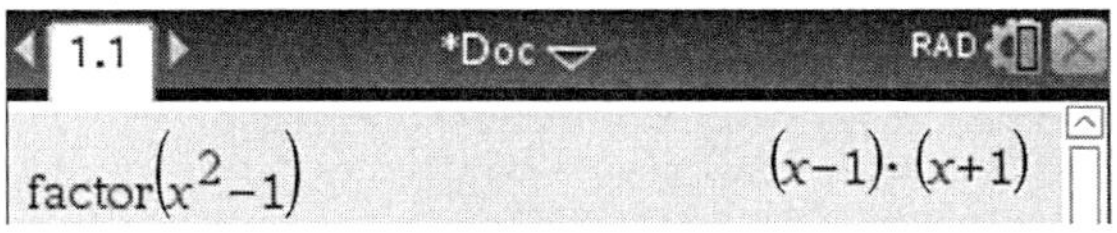

[그림 IV-205]

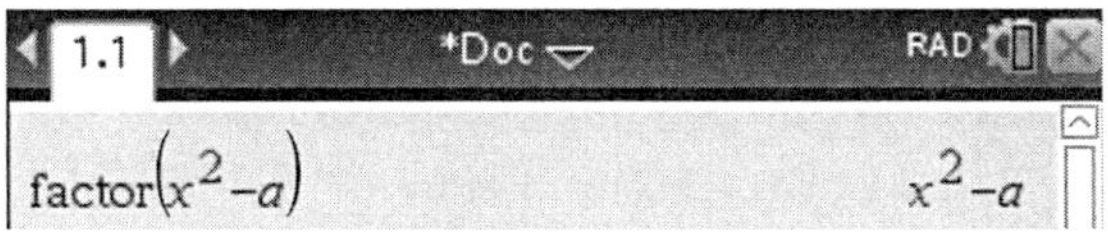

[그림 IV-206]

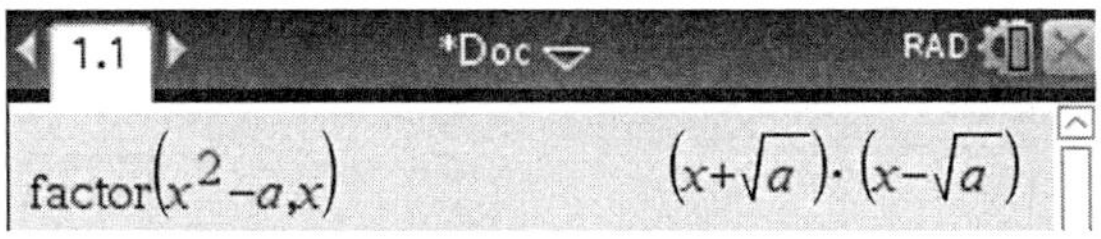

[그림 IV-207]

이제 전개도 해보자. 전개에 관한 명령어는 Expand이다. 이 명령어 역시 직접 입력하거나 [그림 IV-208]처럼 menu에서 선택해도 된다. 우리가 잘 알고 있는 $(x+1)^2$을 전개해보자. [그림 IV-209]처럼 입력하면 [그림 IV-210]처럼 값이 나타난다. $(x+a)^2$ 전개 역시 문자가 두 개이므로, 일반적으로 먼저 나오는 문자에 관해 전개해주지만([그림 IV-211]), 뒤에 나오는 문자인 a에 관해서 전개하고 싶을 때는 ,a라고 정해주면 [그림 IV-212]처럼 나타난다.

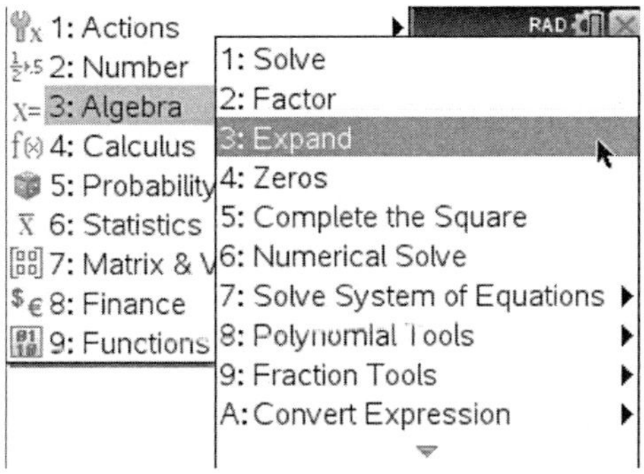

[그림 IV-208]

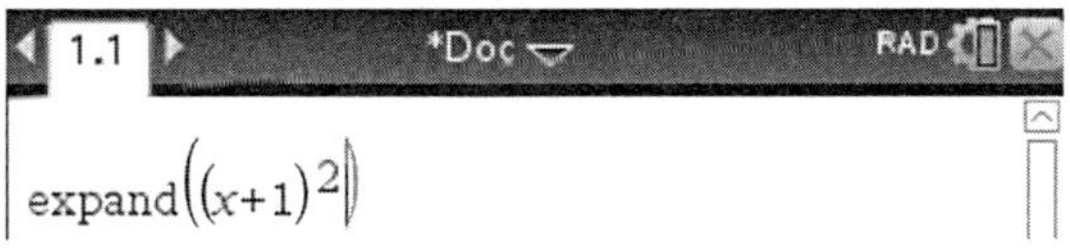

[그림 IV-209]

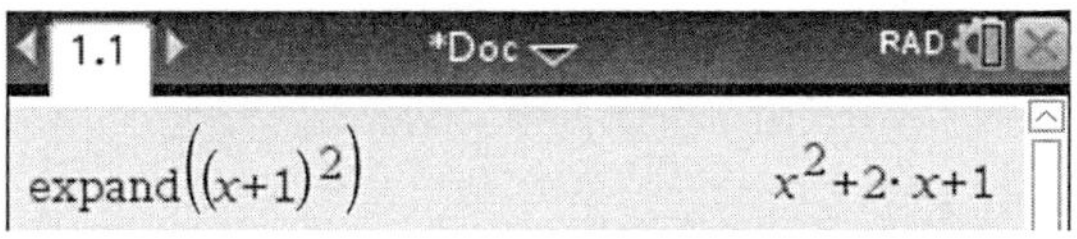

[그림 IV-210]

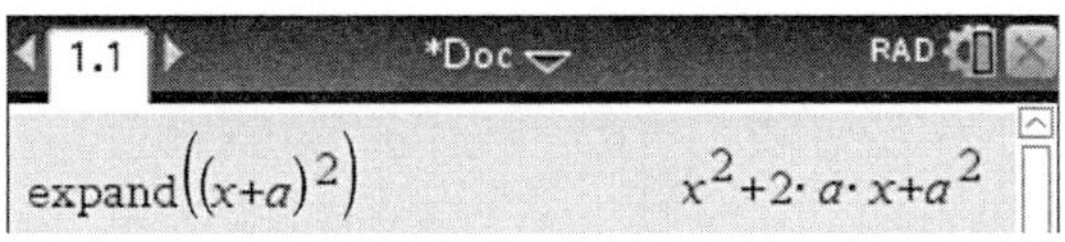

[그림 IV-211]

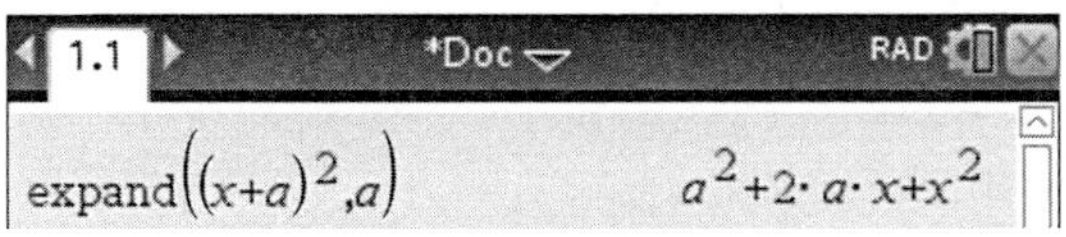

[그림 IV-212]

2) 그래프

이제 두 번째 메뉴인 그래프를 그려보자. 홈 화면에서 New Document로 들어가서 2.Add Graphs를 선택하거나 홈 화면에서 두 번째 아이콘을 클릭하면 된다. 그러면, 다음 [그림 IV-213]처럼 Graph의 메인 화면이 뜬다. 먼저 직선의 그래프를 그려보자. 화면 위의 함수 입력창에 $x+1$을 입력한다. 그리고 enter키를 치면 [그림 IV-214] 처럼 그래프가 나타난다.

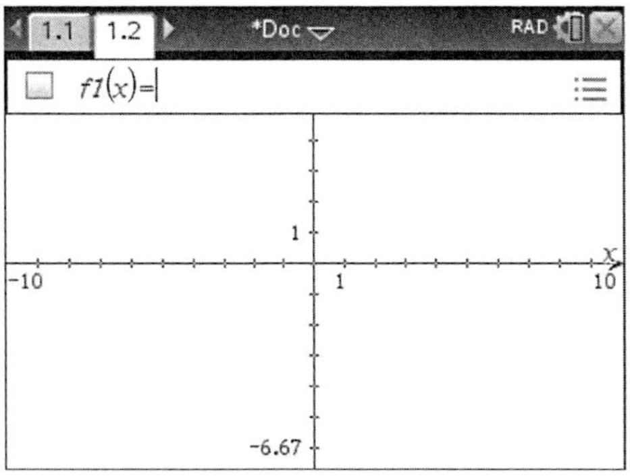

[그림 IV-213]

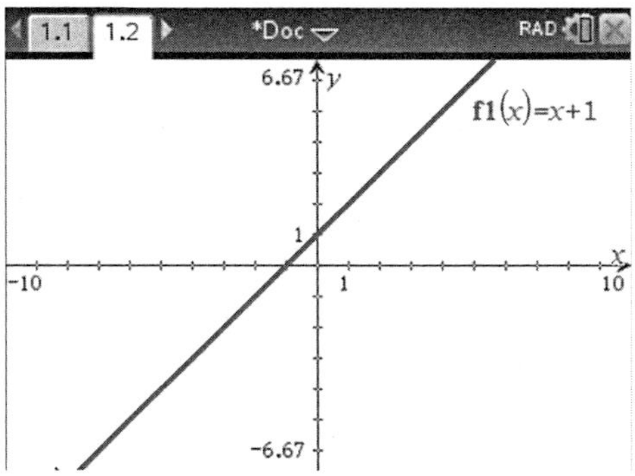

[그림 IV-214]

그리고 또 다른 함수를 입력하여 보자. 그러기 위해서는 menu에서 3:Graph Entry의 Function을 클릭한다([그림 IV-215]). 그러면 함수 입력창이 든다. 두 번째 함수로 $-x^2+3$을 입력한다([그림 IV-216]). 그러면 [그림 IV-217]처럼 두 개의 함수가 그려진다. 이제 두 함수의 교점을 찾아보자. menu에서 6: Analyze Graph의 Intersection을 클릭한다([그림 IV-218]). 그러면 범위를 설정하도록 두 번째 손가락으로 가리키는 손모양의 아이콘이 등장한다. 그러면 가장 아래 값과 가장 위 값을 드래그하면서 설정해준다([그림 IV-219], [그림 IV-220]).

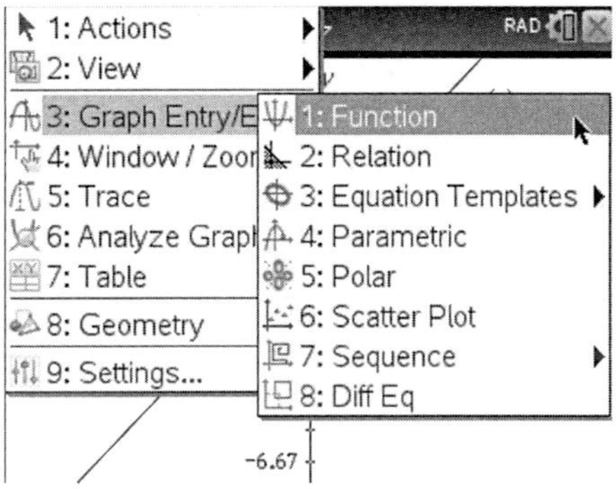

[그림 Ⅳ-215]

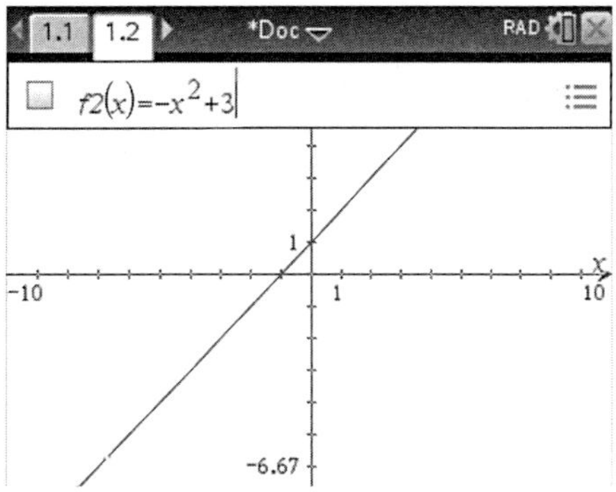

[그림 Ⅳ-216]

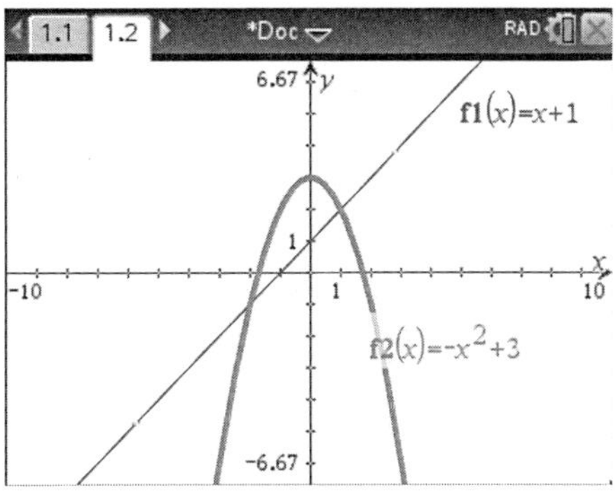

[그림 Ⅳ-217]

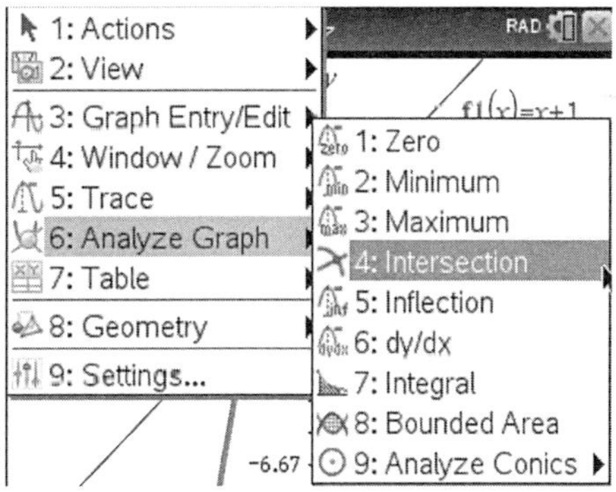

[그림 Ⅳ-218]

그런데 가끔 [그림 IV-220]처럼 교점이 하나만 표시되는 경우가 있다. 이는 한 번에 하나만 되는 경우도 있어서 다시 한 번 범위를 설정해주면, [그림 IV-221]처럼 두 교점이 다 나타난다.

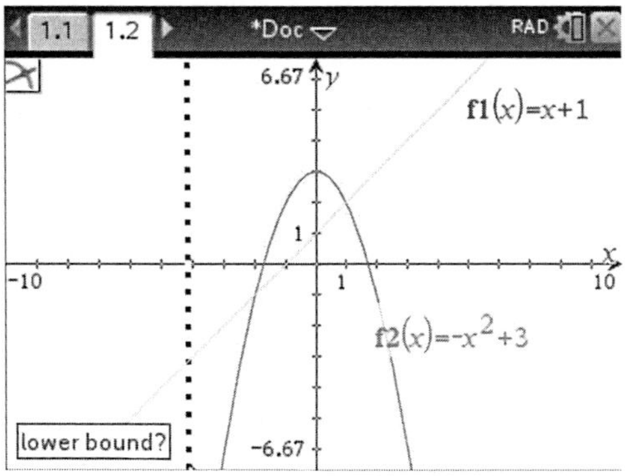

[그림 IV-219]

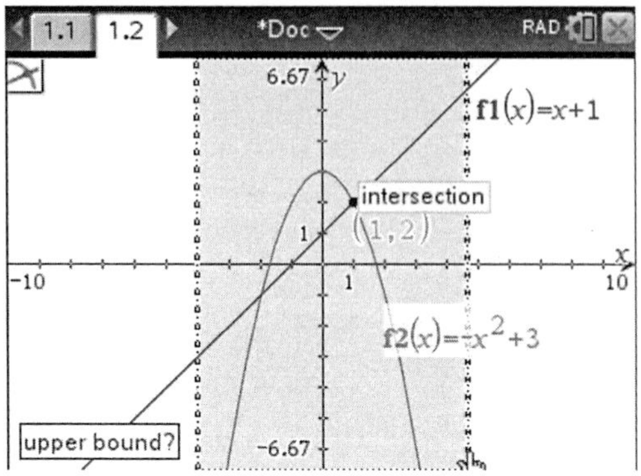

[그림 IV-220]

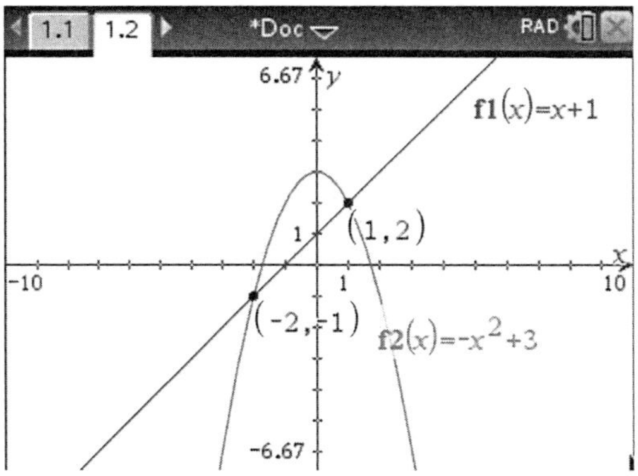

[그림 IV-221]

3) 기하

이제 기하영역에 관해서 살펴보자. 다시 홈화면으로 돌아가서 세 번째 아이콘을 클릭하거나 New Document에서 세 번째 기하를 설정하면 된다. 여기서 삼각형을 그려보자. 그러면 menu에서 5: Shapes의 2:Triangle을 클릭하면 된다. 그러면 점을 찍는 연필이 나타나고 클릭을 하면 꼭지점이 된다. 그래서 세 점을 결정되면 [그림 IV-223]처럼 삼각형이 나타난다. [그림 IV-222]에서 보는 것처럼 원, 사각형 등 여러 도형을 그릴 수 있다.

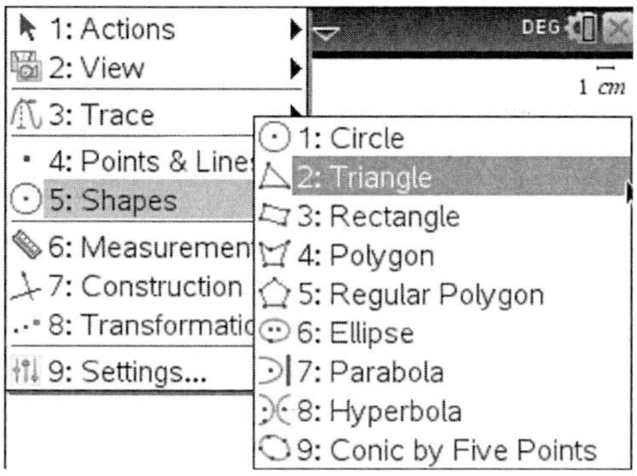

[그림 IV-222]

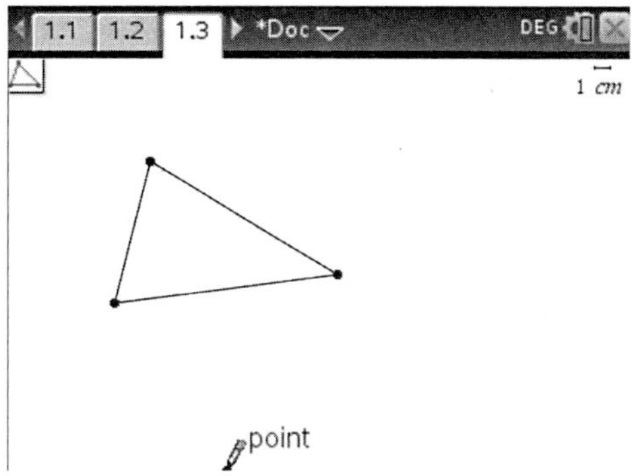

[그림 IV-223]

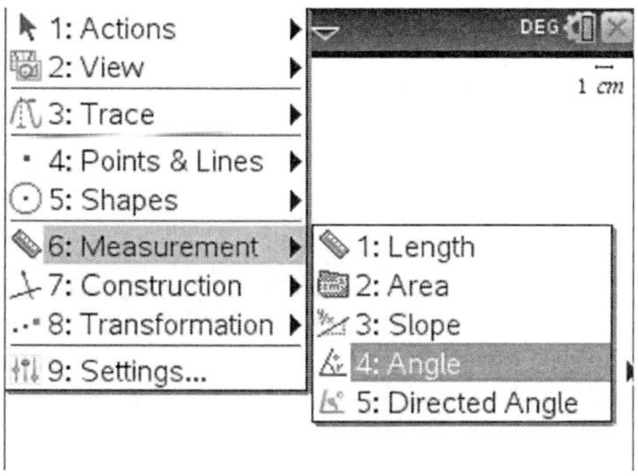

[그림 IV-224]

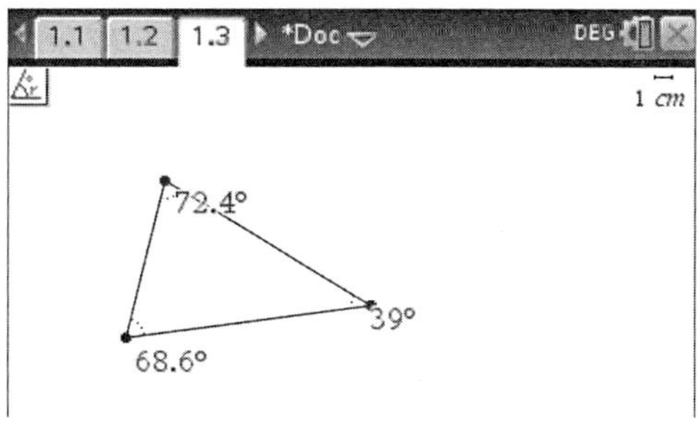

[그림 IV-225]

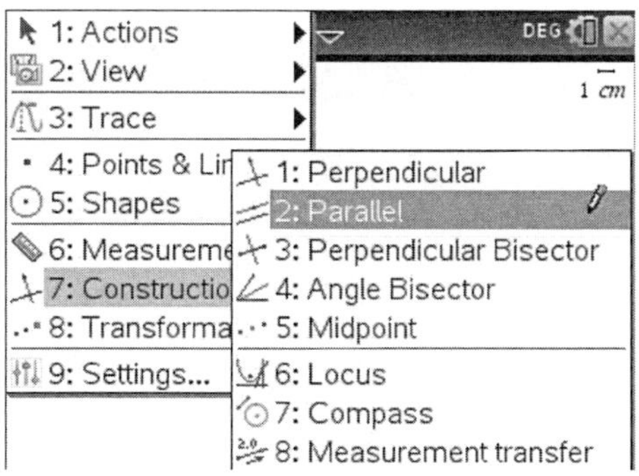

[그림 IV-226]

앞에서 살펴본 GSP처럼 삼각형의 각을 측정해볼 수 있다. menu에서 6: Measurement를 클릭하면 측정할 수 있는 것들이 나타난다. 우리는 여기서 각의 크기를 측정할 것이므로, 4: Angle을 클릭한다([그림 IV-224]). 그리고 삼각형의 각을 측정할 때, 각 ABC라고 하는 것처럼 세 점을 클릭하면 가운데 끼인 각의 크기가 나타난다([그림 IV-225]). 그 외에도 [그림 IV-226]처럼 작도할 수 있는 여러 명령어를 이용해서 다양한 그림을 그릴 수 있다.

4) 스프레드 시트

이제 마지막으로 스프레드 시트 영역을 살펴보자. 홈화면에서 네 번째 아이콘을 클릭하거나 New Document에서 4: Add Lists & Spread Sheet를 클릭하면 엑셀처럼 표모양이 나타난다. 엑셀처럼 $y=x+5$의 함수값을 나타내어 보자. 먼저 A열에는 1부터 5까지 입력한다. 물론 엑셀에서처럼 1, 2를 입력하고 창을 설정해서 드래그 해도 된다. 그 다음에 B열에 우리가 나타내고 싶은 함수값을 B1에 입력한다([그림 IV-227]). 그러면 [그림 IV-228]처럼 계산된 값이 나타난다. 다른 B칸에도 값을 나타내고 싶으면 B1을 드래그한다. 그러면 [그림 IV-229]처럼 자동으로 다른 칸에도 x값이 입력되어져서 나타난다. 여기서는 대부분이 엑셀과 유사하게 실행할 수 있으므로, 자세한 설명은 생략하도록 하겠다.

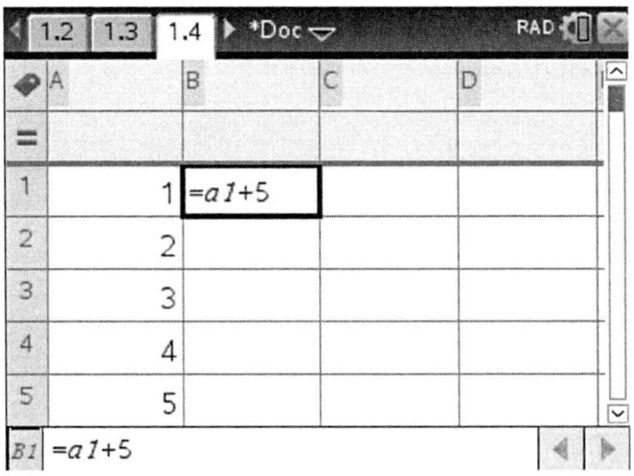

[그림 IV-227]

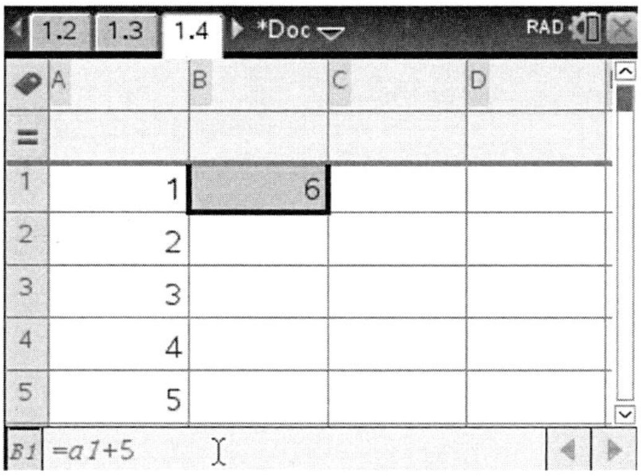

[그림 Ⅳ-228]

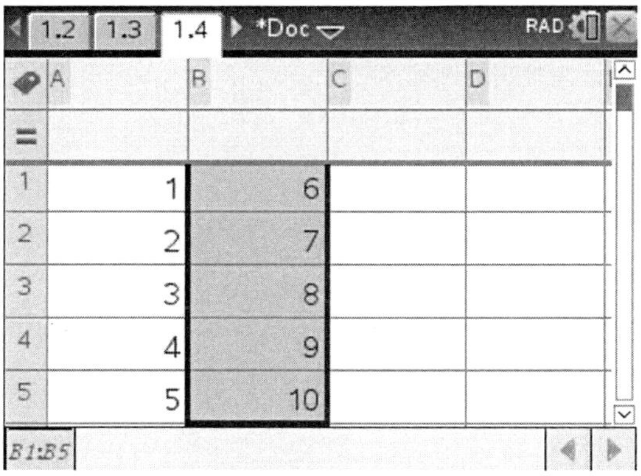

[그림 Ⅳ-229]

3. CAS 기능을 가진 소프트웨어와 앱(GeoGebra) 활용

같은 CAS 기능을 가지고 있지만 휴대용 계산기가 아닌 컴퓨터 소프트웨어가 있다. 이는 무료로 보급되어 널리 알려져 있는 GeoGebra이다. 홈페이지 www.geogebra.org를 찾아가면 무료로 이용할 수 있다. 홈페이지는 다음 [그림 Ⅳ-230]과 같다. 과거에는 한글이 지원되지 않았지만 현재는 한글로 편하게 이용할 수 있다. 여기서 지오지브라 수학 앱에 있는 **계산기 시작하기**을 클릭하면 [그림 Ⅳ-231]이 나타난다.

[그림 IV-230] Geogebra 홈페이지

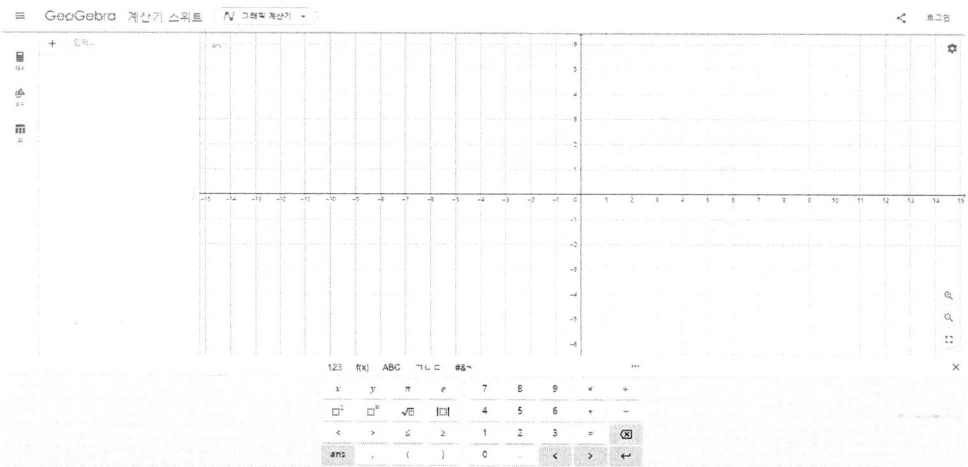

[그림 IV-231]

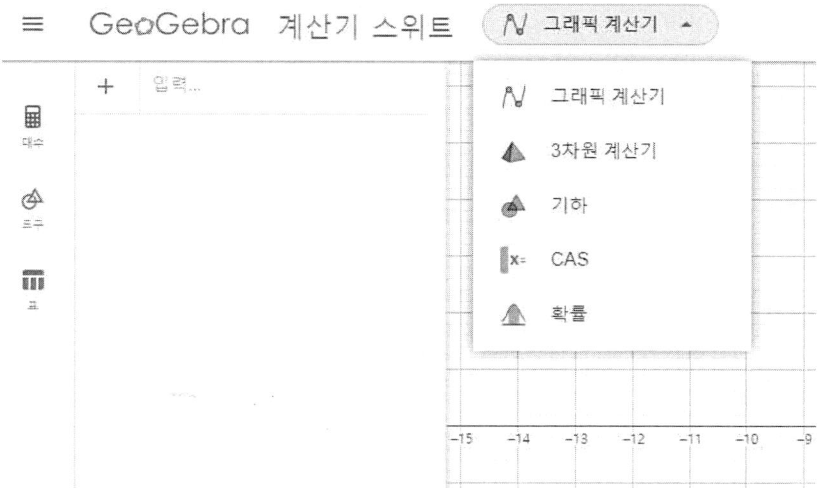

[그림 IV-232]

[그림 IV-231]에서 왼쪽 아이콘이 세 개 그려진 것을 확인할 수 있다. 첫 번째 계산기가 그려진 아이콘(대수)은 대수 계산기를 말하는 것이고, 두 번째 삼각형과 원이 그려진 아이콘(도구)은 GSP처럼 도형을 그릴 수 있도록 되어 있다. 세 번째 아이콘(표)는 엑셀처럼 표가 나타난다. 왼쪽 창에 식을 입력하면 오른쪽 창에 바로 그래프를 그려준다. [그림 IV-232]에서처럼 GeoGebra 계산기 스위트 옆 그래픽 계산기를 클릭하면 다른 오드로 전환할 수도 있다. 첫 화면에서 대수 계산기를 쓰는 방법은 앞의 CAS 계산기를 쓰는 방법과 거의 동일하고, 그래프를 그릴 수 있는 공간도 앞에서 GSP를 그리는 방법과 거의 유사하다([그림 IV-233]). 그리하여, 여타 설명은 생략하도록 한다. GeoGebra와 기존의 소프트웨어나 계산기와의 차이점은 기하의 도형들을 대수 방정식들과 직접 관련지어서 쓸 수 있다는 것이다. 즉, 따로 따로 쓰는 것이 아니라 한 화면에서 두 가지를 한꺼번에 비교하면서 쓸 수 있는 장점이다. 예를 들면, [그림 IV-234]처럼 [그림 IV-233]의 직선과 원을 그린 상태에서 대수 계산기 아이콘을 클릭하면 그려진 그림들의 정보가 나타난다. 점의 좌표는 기본이고, 원의 방정식이나 직선의 방정식까지 직접 구하지 않아도 확인할 수 있도록 되어있다. 그리하여, 대수와 기하를 좀 더 잘 연결하여 학습할 수 있도록 되어있다.

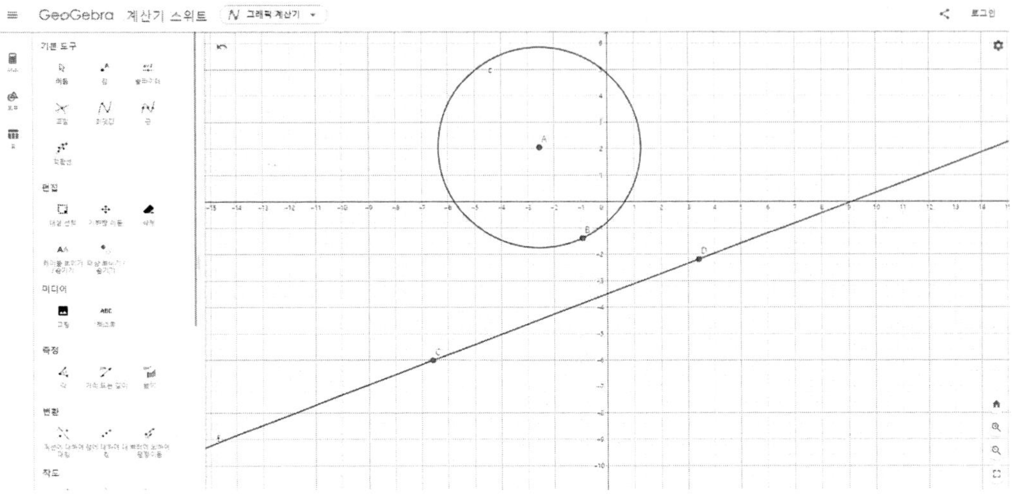

[그림 IV-233]

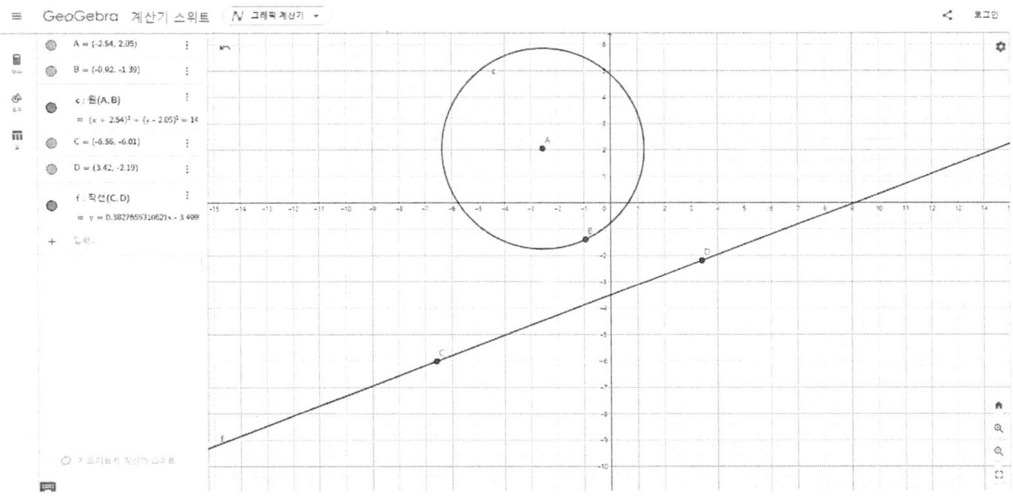

[그림IV-234]

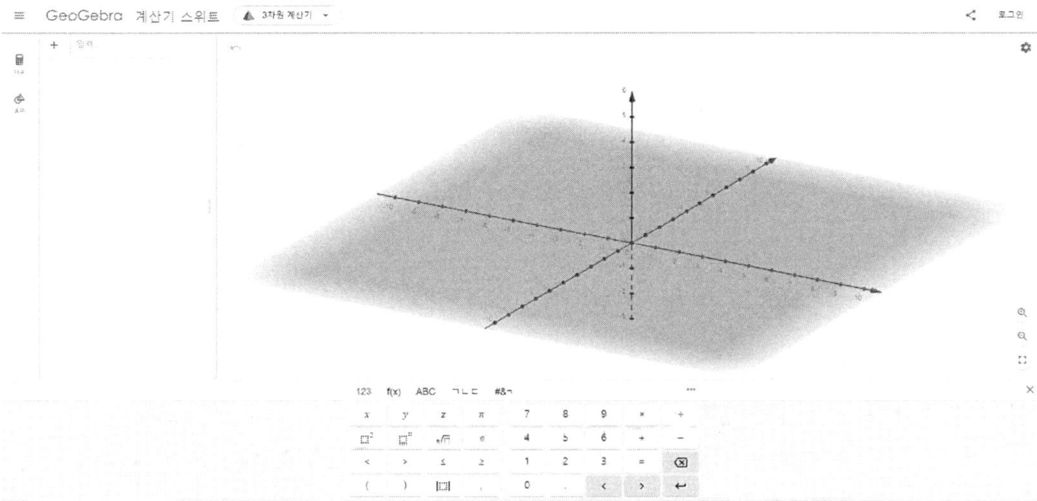

[그림 Ⅳ-235]

[그림 Ⅳ-232]에서 두 번째 3차원 계산기를 클릭하면 [그림 Ⅳ-235]와 같이 나타난다. [그림 Ⅳ-235]는 3차원 그래픽 계산기로 평면뿐만 아니라 입체를 대수와 연결하여 학습할 수 있도록 되어 있다. [그림 Ⅳ-232]에서의 5가지 모드뿐만 아니라 홈페이지에서는 다양한 **클래스룸 자료**도 제공하고 있어서 교수학습에 바로 사용할 수 있는 다양한 자료를 무료로 사용할 수 있다. GeoGebra는 인터넷뿐만 아니라 휴대폰 앱으로도 제공하고 있다. 휴대폰의 Play store에서 geogebra를 입력하면 다양한 종류의 그래픽 계산기가 나타난다([그림 Ⅳ-236], [그림 Ⅳ-237]). 그 중에서 두 번째 제시된 **지오지브라 계산기 스위트**를 다운 받으면 된다. 그래서 앱을 열면 [그림 Ⅳ-238]과 같이 나타난다. 이 앱은 홈페이지의 5개 모드를 모두 사용할 수 있도록 제시하고 있다. 여기서 그래픽 계산기로 들어가면 [그림 Ⅳ-239]가 나타난다. 여기서, 인터넷은 왼쪽이 대수창, 오른쪽이 그래픽 창으로 뜨는데 비해, 휴대폰 앱은 위는 그래픽 창, 아래는 대수창으로 나타난다. 화면 아래의 세 아이콘이 앞에서 살펴본 인터넷 홈페이지의 아이콘과 동일한 것을 알 수 있다. 이를 인터넷 홈페이지와 동일한 방법으로 사용하면 된다.

[그림 IV-236]

[그림 IV-237]

[그림 IV-238]

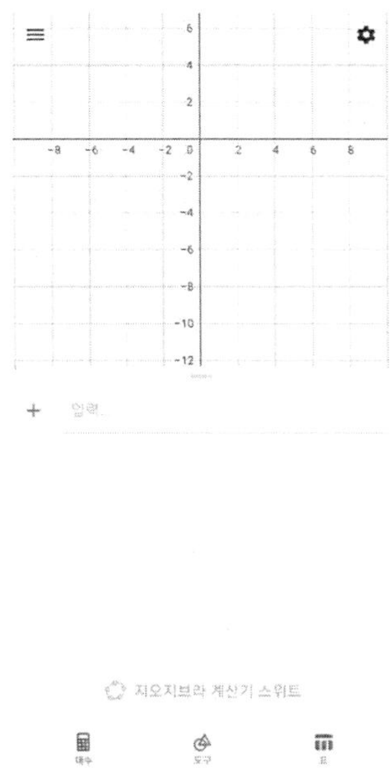

[그림 IV-239]

4 LOGO

1. LOGO 란

LOGO는 인공지능(artificial intellegence) 프로그래밍 언어인 LISP로 만들어진 언어로, 1967년 미국 MIT 대학의 페퍼트(Papert)가 퓨르지그(Ferzeig), 바브로우(Bobrow)와 공동으로 개발한 탐구학습용 프로그램이다. LOGO는 공학적 도구와 수학 학습을 연결시킨 선구자적 프로그램이다. 화려한 색깔과 애니메이션 기능을 갖춘 프로그램이 다양하게 개발된 현재의 시점에서 볼 때 LOGO의 화면이나 기능은 소박한 수준이라고 볼 수 있지만, 유아부터 성인까지 쉽게 배우고 활용할 수 있다는 점에서 출시된 지 50여년이 지난 현재까지도 애용되고 있다. LOGO는 라틴어로 말(speech, word) 혹은 사고(thought)를 뜻하는 logos에서 유래한 용어로, LOGO가 인간의 언어와 사고를 나타내는 도구라는 점으로 해석될 수 있다. LOGO를 활용하는 기하를 거북기하(Turtle geometry)로 부르기도 하는데, 거북이를 나타내는 화살표 커서가 사용자의 명령을 따라 자취를 남기며 움직이기 때문에 붙여진 별명이다(신동선 외, 1999).

페퍼트가 LOGO를 설계하는데 가장 큰 영향을 끼친 사람은 피아제이다. 또한 발견학습을 강조한다는 점에서 듀이(Dewey), 몬테쏘리(Montessori), 브루너(Bruner) 등과 페퍼트의 교육철학은 일치한다(신동선 외, 1999). 컴퓨터 프로그램에서의 오류수정 활동은 수학적 사고력 향상을 위한 기회로 활용될 수 있다(이중권, 2015). 이러한 오류 수정은 피아제의 반영적 추상화에 해당하는 활동이라고 볼 수 있다. 페퍼트는 발견학습을 “교사의 안내가 제한되거나, 교사의 안내가 전혀 없이 학생이 교육적 목표를 달성하는 교수상황”이라 정의하면서 LOGO를 이용하여 발견학습을 강조한다. 또한, 비고츠키가 강조하는 학습에서의 사회적 경험의 역할은 LOGO 학습의 방법론과 결부된다(신동선 외, 1999). LOGO의 특징은 다음과 같다(권성룡 외, 2009; 신동선 외, 1999).

첫째, 신체 동조적이다. 즉, 학생들의 행동과 밀접하게 관련된다. LOGO 명령에 따르는 거북의 움직임은 사고수준에서 학생들의 행동과 쉽게 일치된다.

둘째, LOGO는 절차적 언어이다. 작성된 프로그램을 하나의 절차로 만들어 놓고 이를 기본 명령어와 똑같이 사용할 수 있다.

셋째, LOGO는 재귀적 언어이다. 재귀적이란 어떤 절차가 그 절차 내의 부분이 될 수 있다는 것이다. 재귀절차(recursion)는 "영원히 진행된다"는 것과 관련된다. 이는 기능단위 언어라고도 부른다.

넷째, LOGO는 오류수정이 용이하다.

다섯째, LOGO는 상호작용적이다.

여섯째, LOGO는 학습을 위한 언어이다.

여기서 주목할 것은 아동의 반성적 사고를 유발시키는 도구로서의 LOGO의 역할이다. LOGO는 신체 동조적이고 절차적이고 재귀적이기 때문에 학생들로 하여금 자신의 행동을 의식화 시키며, 자신의 행동을 분석하게 하고, 앞에서 수행된 행동을 종합하게 하며, 그 결과를 새로운 상황으로 일반화하게 하고 사고의 흐름을 통제한다. 즉, 자신의 사고를 반성하게 해준다. LOGO의 개발자인 페퍼트는 수학학습이 가장 잘 이루어지기 위해서는 마치 모국어를 배우듯 자연스럽고 활동적인 학습환경이 필요하다고 믿는 그것이 바로 수학나라(mathland)라고 불리는 마이크로세계(micro-world)라고 주장한다(신동선 외, 1999).

학습자로서 컴퓨터의 활용은 학습자가 컴퓨터에게 프로그래밍 언어를 사용하여 수행을 요구하고 컴퓨터는 이러한 명령에 순종하여 학습자가 원하는 것을 수행하는 컴퓨터 프로그래밍을 통한 교육을 말하며, LOGO 프로그래밍은 좋은 예가 될 수 있다(권성룡 외, 2009). LOGO의 교육적 핵심요소는 자기의 사고를 의식화시킬 수 있는 자연스러운 학습환경을 제공한다는 점이다. 이를 바탕으로 LOGO가 수학교육에 미치는 영향은 다음과 같이 정리될 수 있다. 첫째, 거북기하로서의 위치이다. 둘째, 문제해결을 향상시키는 도구로서의 위치이다. 셋째, 직관력을 향상시킬 수 있다. 넷째, 흥미유발이나 학습에 대한 태도를 개선시키는 데 도움이 될 수 있다. 다섯째, 사고유발을 할 수 있다는 점이다. 여섯째, 결과뿐만 아니라 과정에 대한 반성활동을 통해 메타인지를 향상시킬 수 있다. 일곱째, LOGO는 시각화를 향상시킬 수 있는 좋은 환경을 제공할 수 있다. 여덟째, LOGO는 형식적 수학 수업을 위한 잠재력을 향상시킬 수 있는 환경을 제공한다. 아홉째, LOGO는 학생들에게 시각적인 자료를 탐구하고 장차 여러 가지 자연현상이나 사회현상을 분석하기 위한 모델을 많이 가지게 하는 좋은 교육환경을 제공해 준다. 열 번째, 심미안적인 안목을 키워줄 수 있다(신동선 외, 1999).

2. LOGO 활용

과거에는 무료로 제공되는 거북기하 프로그램이 몇몇 있었으나 현재는 저작권 문제로 모두 사라졌다. 이전에 미국 유타주립대학에서 제공하는 수학교육용 홈페이지 http://nlvm.usu.edu를 이용하였으나, 이 역시 유료로 바뀐 상태이다. 현재 우리나라에서 무료로 이용할 수 있는 알지오매스(AlgeoMath)를 개발하여 LOGO를 제공하고 있다. 이후 5. 웹사이트 2. 웹사이트 활용에서 알지오매스에서 제공하는 블록코딩 도구를 활용하여 거북기하 즉, LOGO로 코딩하는 방법을 설명하고자 한다.

5 웹사이트

1. 웹사이트 란

웹 기반 학습(Web Based Instruction: WBI)은 웹을 이용한 학습방법으로서, 나일주(1999)는 웹 기반 교육을 'World Wide Web'에 기반한 교육, 즉 웹의 특성을 교육의 효과성과 효율성의 증진에 활용하는 교육이라고 정의하고 있다. 결국, 웹 기반 교육이란 웹을 수업의 보조수단으로 사용하여 수업자료를 인터넷을 통하여 찾아내고 활용하는 것뿐만 아니라, 웹을 통하여 실제 교실의 수업 장면에서 일어나는 것과 같은 교수·학습 모형이 적용되는 원격수업의 경우도 포함한다고 볼 수 있다. 웹을 활용한 수업은 이런 웹의 특성을 교육적으로 활용하는 것으로 단순한 텍스트 문서뿐만 아니라, 그림, 음향, 동영상과 같은 멀티미디어 환경을 구현할 수 있다. 이러한 기능을 바탕으로 웹은 효과적인 교수·학습 환경을 제공하는 도구로 인식되고 있으며, 웹을 제공하는 교수·학습 환경을 활용한 교육을 웹을 활용한 교육이라고 할 수 있다[7]. 칸(Khan, 1997)은 "학습을 촉진하고 지원할 수 있는 의미 있는 학습 환경의 조성을 위해서 하이퍼미디어(Hypermedia)를 기반으로 하는 World Wide Web이 가지는 특징과 자료를 활용하는 프로그램"을 웹을 활용한 교육이라고 정의하였다. 릴란과 길라미(Relan & Gillami, 1997)는 "World Wide Web의 특성과 자료를 활용함으로써 구성주의적인 협동 학습 환경 내에서 지적인 여러 가지 수업 전략을 적용하는 것"이라고 정의하였다(권성룡 외, 2009, 재인용).

이러한 웹기반 교육의 특징을 살펴보면 다음과 같다. 첫째, 웹에서는 최신의 다양한 정보와 자료를 쉽게 접할 수 있다. 둘째, 웹을 활용하면 다양한 방법으로 쌍방향의 상호작용적 의사소통이 가능하다. 셋째, 웹에서는 빠르고 쉽게 다양한 사람들과 정보를 교류할 수 있다. 넷째, 웹을 활용한 학습에서는 다양한 형태의 협력학습이 가능하다. 다섯째, 웹이라는 가상공간은 대면하지 않고도 상호작용과 학습 참여가 가능하기 때문에 일반 학습 환경에 비해 학습참여에 대한 심적인 부담감이 상대적으로 적어 보다 적극적인 학습참여를 가능케 한다. 여섯째, 웹 기반 학습은 다른 매체들보다 경제적이다. 웹을 활용한 수학학습은 두 가지 측면으로 나눌 수 있다. 첫 번째 활용은 수학 수업에서 하나의 보조적 매체로 활용하는 형태이다. 즉, 인터넷을 통하여 자료를 검색하고 자료를 분석하여 수학수업에 활용하는 경우이며, 이러한 활용에 적합한 많은 사이트가 제작되어 운영되고 있다. 다음으로는 네트워크 자체가 하나의

7) 영어로는 Web Based Instruction(WBI)으로 동일하지만 우리나라에서 번역은 웹기반 학습, 웹기반 교육, 웹을 활용한 교육 등으로 다양하게 번역된다.

수업으로 활용되는 형태로서, 실제 수학과 교육과정이나 교과서의 내용을 교실에서 학습하듯 학습할 수 있도록 제공되는 사이트를 활용하는 것이다(권성룡 외, 2009).

인터넷[8]을 적용했을 때 얻을 수 있는 장점은 다음과 같다(정부자, 1999). 첫째, 웹을 이용한 수학 수업은 수학학습 자체에 대한 학생들의 태도를 능동적으로 변화시킬 수 있으며, 타 교과와 실생활에서의 수학학습 내용에 대한 응용성을 강조하여 학생 스스로 적합한 동기를 부여하여 학습 효과를 최대화시킬 수 있다. 둘째, 학습자들에게 학습내용을 활용할 수 있는 구체적인 과제 상황을 제시하여 문제를 실제로 풀 수 있는 환경을 제시함에 따라 주어진 과제를 적극적이고 활발하게 참여하게 되어 수학 과목에 대한 부정적인 태도를 고치고 학습동기를 부여하는 데 효과적이다. 셋째, 학습자와 교사 모두 수학과 기술공학에 대한 자신감을 가질 수 있다. 넷째, 다양하고도 사실적인 그래픽을 통해 수학적인 원리의 이해를 위해 요구되는 개념의 이해를 도울 수 있어서 학습에 필요한 시간을 단축시킬 수 있으며, 개념 사이의 상하관계나 연결이 더 분명해진다. 다섯째, 다양한 탐구 도구를 제공할 수 있으며, 이를 이용해 학습자는 주어진 문제 상황을 풀어나가는 과정을 통해 탐구력과 창의력을 증진시킬 수 있다. 여섯째, 학습내용 전달에 도움을 주고, 교사와 학생들 사이의 상호작용을 조장하여 능동적인 참가, 동료 상호작용, 발산적 사고와 협동학습을 가져오며, 과제에 대한 피드백을 제공한다. 일곱째, 웹은 문제해결을 위한 생산적인 도구로써의 역할을 할 수 있다.

2. 웹사이트 활용

1) https://illuminations.nctm.org(NCTM에서 제공하는 수학교육용 사이트)

이 홈페이지는 미국수학교사협의회(NCTM)에서 제공하는 사이트로, 수학교육에 관련된 여러 종류의 자료들을 제공하고 있다. 수학교사, 학생, 학부모 누구나 쓸 수 있도록 되어있고, 상호작용도 할 수 있도록 안내되어있다. 홈페이지 첫 화면인 [그림

8) 인터넷과 웹은 동의어가 아니며, 웹은 단지 인터넷이 제공하는 서비스의 하나일 뿐이다(권성룡 외, 2009).

IV-240]의 오른쪽 NCTM Standards를 살펴보면, 수학 내용영역명과 학년편제를 알 수 있다. 미국은 주마다 학년편제가 다른데, NCTM에서 제시하는 편제가 보편적인 미국의 학년편제라고 볼 수 있다. Illuminations 사이트에서는 많은 정보를 제공하기 때문에 오른쪽 검색창을 사용하는 것이 좋다. 왼쪽 아래에 수학과 관련된 게임도 Java로 제공하고 있으므로, 이를 이용하는 것도 좋을 것이다.

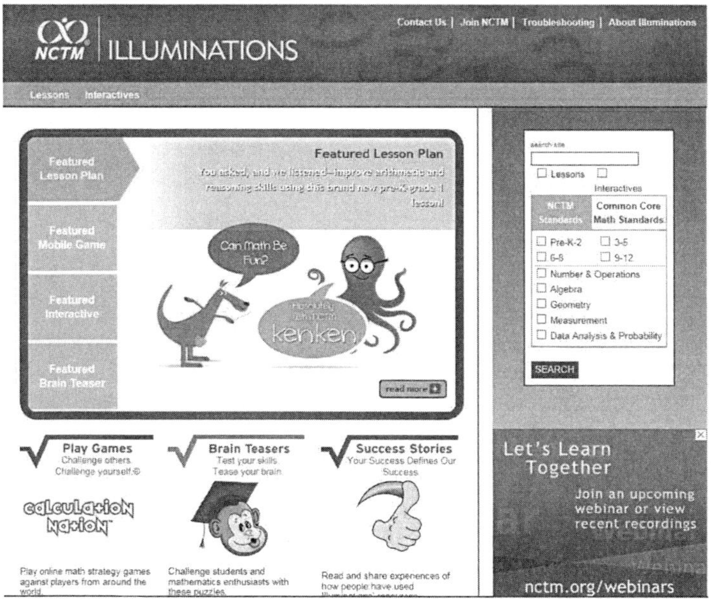

[그림 IV-240]

다양한 정보들이 제공되어 있지만 경우의 수를 학습하기 위해 쓸 수 있는 Bobbie Bear라는 프로그램을 살펴보자. 검색창에 Bear라고만 치면 다음 [그림 IV-241]처럼 관련된 여러 자료가 나타난다. 화면 맨 아래에서 Bobbie Bear를 찾을 수 있다. 자세한 설명이 있는 것을 확인할 수 있는데, 이 프로그램은 유아원에서 2학년까지, 그리고 3학년에서 5학년을 위한 프로그램이라는 것을 알 수 있다. 이름이나 그림을 클릭하면 Bobbie Bear 프로그램을 확인할 수 있다([그림 IV-242]).

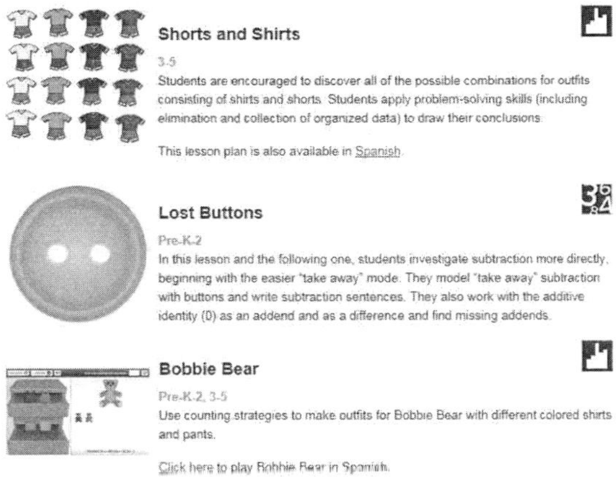

[그림 IV-241]

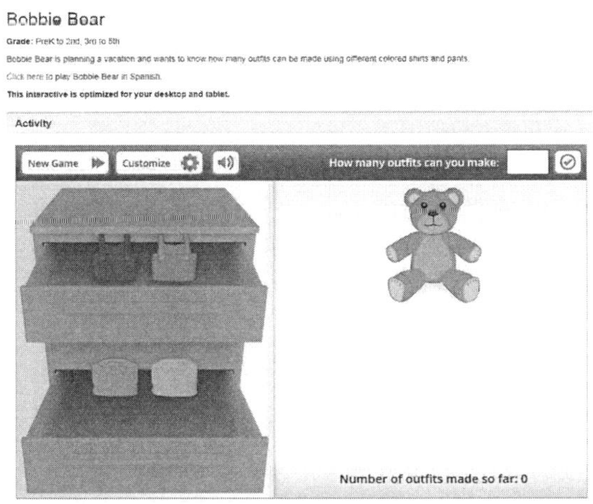

[그림 IV-242]

[그림 IV-242]의 오른쪽 곰의 이름이 Bobbie이다. 이 프로그램은 이 곰에게 왼쪽에 있는 상의와 하의를 입히는 경우의 수를 구하는 것이다. 왼쪽의 상의와 하의를 하나씩 끌어다가 곰에게 옷을 입히면 아래에 그 옷을 입은 곰이 나타난다. 그리고 옷을 입은 곰 아래에 경우의 수가 기록된다([그림 IV-243]). 똑같은 옷을 입히게 되면 아니라는 설명이 소리로 나오면서 작은 곰과 같은 옷을 큰 곰이 입고 나타난다([그림 IV-244]). 다시 다르게 옷을 입게 되는 모든 경우의 수를 구하면 축하한다는 소리가 나오면서 화면 아래에 모든 경우의 수가 나타난다([그림 IV-245]).

[그림 IV-243]

[그림 IV-244]

[그림 IV-245]

왼쪽의 New Game을 클릭하면 다른 문제들을 다양하게 제시해 준다([그림 IV-246], [그림 IV-247]). 또는 원하는 옷의 개수가 있으면 Customize를 클릭한다. 그러면 새로운 창이 뜨면서 원하는 상의와 하의의 개수를 입력할 수 있다([그림 IV-248]). 이 Bobbie Bear 외에도 많은 프로그램을 제공하고 있으므로, 다른 다양한 자료도 얻을 수 있을 것이다.

[그림 IV-246]

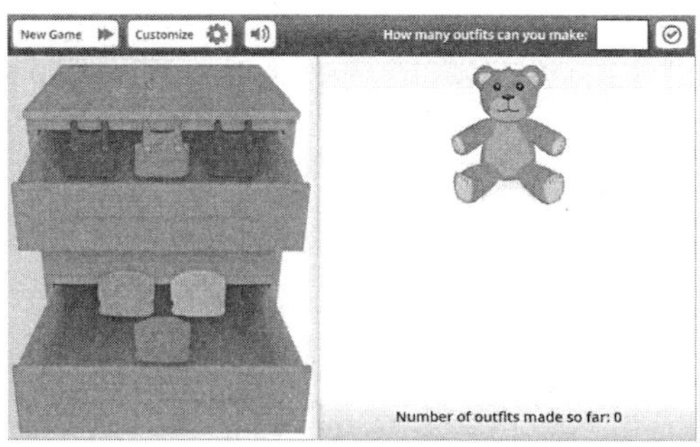

[그림 IV-247]

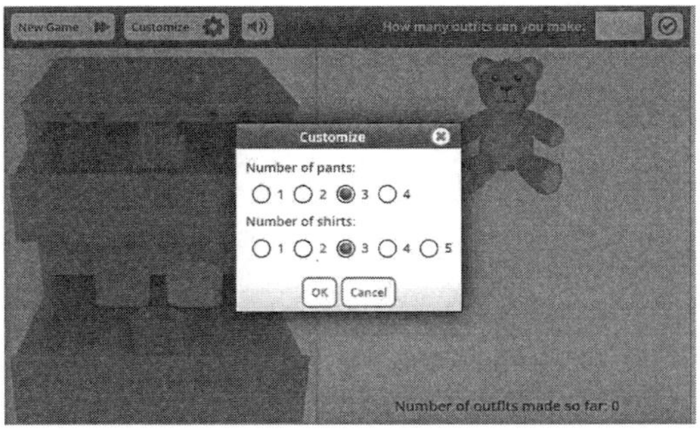

[그림 Ⅳ-248]

2) https://www.algeomath.kr (한국과학창의재단에서 제공하는 알지오매스)

이 홈페이지([그림 Ⅳ-249])는 한국과학창의재단에서 교육부, 17개 시도교육청과 함께 개발한 것으로 무료로 사용할 수 있다. 알지오매스(AlgeoMath)는 대수(Algcbra)부터 기하(Geometry)까지의 모든 수학(Mathematics)을 다루는 소프트웨어라는 의미이다. 이는 체험 탐구 중심 수학교육을 위해 공학적 도구 활용 지원을 강조하는 제2차 수학교육 종합계획(2015~2019)과 교과서, 수업에서 공학적 도구가 적극적으로 활용되어야 함을 강조하는 2015 개정 수학과 교육과정을 개발 배경으로 삼고 있다. 알지오매스는 탐구중심 수업을 통한 수학 탐구활동 강화뿐만 아니라 소통과 사고력 기반의 수학적 실험탐구를 지원하기 위해 만들어졌다.

[그림 Ⅳ-249]

알지오매스는 작도, 좌표, 행동 기반 기하를 포괄할 수 있는 통합적 소프트웨어이며, 소프트웨어가 최적으로 작동되는 학습환경과 콘텐츠를 지원한다. 여기서 작도 기반은 자와 컴퍼스 기반으로 기하를 작도하던 고전 기하의 방법으로, 기하 대상은 순수하게 점, 선, 면의 기하적인 관계로 표현하는 것을 말한다. 좌표 기반은 좌표 또는 좌표상에서 점, 선, 면들의 관계로 구성하는 방식, 기하 대상이 대수나 함수의 관계로 표현되며 대수 학습과 연계하여 기하 학습을 가능하게 하는 것을 말한다. 행동 기반은 컴퓨터 환경 속에서 기하 대상을 구성하는 에이전트인 'turtle(거북이)'에게 가고 도는 간단한 행동 명령을 통해 기하를 구성하게 하는 방식으로 코딩 학습과 연계하여 기하 학습을 가능하게 하는 것을 말한다.

알지오매스는 1차년도(2017.4~2018.6)부터 개발에 들어가서 서버 안정화 및 고도화 작업(2차년도:2018.7~2019.1) 등을 거쳐 연수교재 개발, 보급 등의 3차년도(2019.2~2020.2)에 이르는 단계를 거쳐 개발되었다. 알지오매스는 알지오도형, 알지오문서, 알지오모둠으로 구성되었다. 알지오도형은 도형 작도, 함수의 그래프 그리기, 블록코딩을 할 수 있는 학습용 프로그램이고, 알지오문서는 알지오도형, 사진, 동영상을 사용해서 학습 자료를 만들고 편집할 수 있으며, 알지오모둠은 알지오도형, 알지오문서를 구성원과 공유할 수 있는 학습공간으로 구성되어있다. 제시된 기능은 다음과 같다.

◈ 알지오도형의 기능

가. 도형 그리기 기능
- 점, 선, 원, 다각형 등 그리기 기능 제공
- 그리기 아이콘 설명과 예시 제공

나. 도형 편집 기능
- 도형 선택, 이동, 삭제
- 도형 스타일 설정 가능(크기, 색상, 종류)

다. 좌표 공간 설정 기능
- 좌표축 설정 기능(줌인/아웃, 그리드 설정)
- 공간 스타일 설정 기능

라. 대수와 도형 연동 기능

- 도형 생성 시 자동으로 대수식 생성
- 도형 이동, 변환 시 실시간 값의 변동

마. 측정 도구 기능

- 도형에 대한 각도, 길이, 면적 측정 가능

바. 도형 꾸미기 기능

- 점선, 길이, 각 표시, 평행 표시 가능

◈ 알지오문서의 기능

가. 문서 작성 및 편집 기능

- 제목, 내용(텍스트, 수식) 등 작성 도구 제공
- 문서 형식 편집 기능 제공

나. 알지오 도형 업로드 기능

- 알지오 도형을 기존에 설정한 그대로 업로드하고 활동지 내에서 조작 가능

다. 동영상, 이미지 탑재 기능

- 활동지에서 바로 플레이 되는 학습 영상 및 교재 이미지 등 삽입 가능

라. 문제출제 기능

- 객관식이나 주관식으로 문제를 출제하고 제출된 답안에 대한 피드백 가능

(1) 알지오 2D

홈페이지에 제시된 알지오도형 중 알지오 2D를 살펴보자. 홈페이지의 메인 화면 [그림 IV-249]에서 **알지오 2D**를 누르면 다음 [그림 IV-250]과 같은 화면이 나타난다.

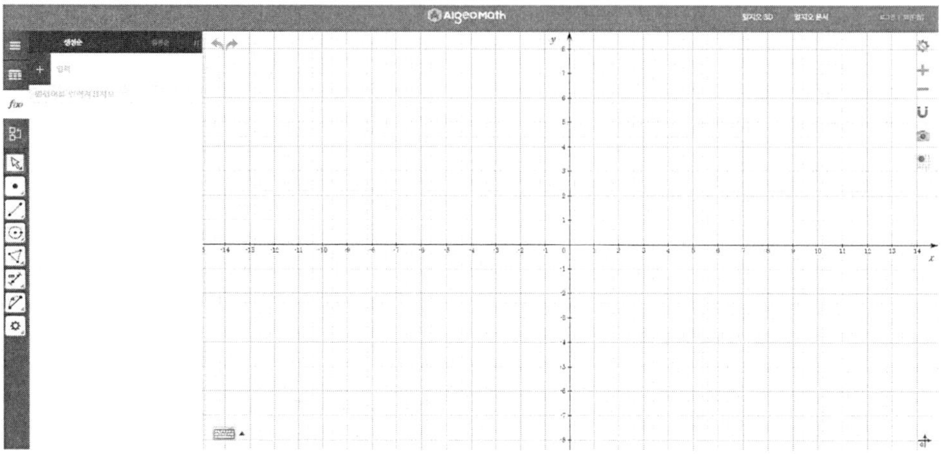

[그림 IV-250]

화면이 크게 두 부분으로 나누어지는데, 왼쪽은 대수창이, 오른쪽은 좌표평면이 나타난다. 여기서 왼쪽 창은 총 4개의 종류로 나타낼 수 있는데, 이는 **파일메뉴**([그림 IV-251]), **표도구**([그림 IV-252]), **대수창, 블록코딩창**([그림 IV-253])이다.

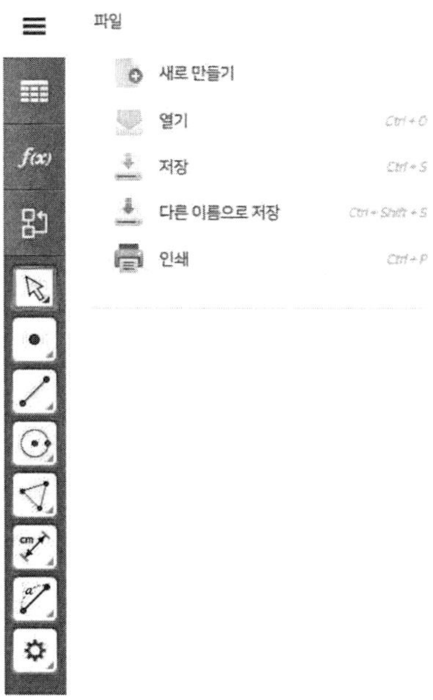

[그림 IV-251]

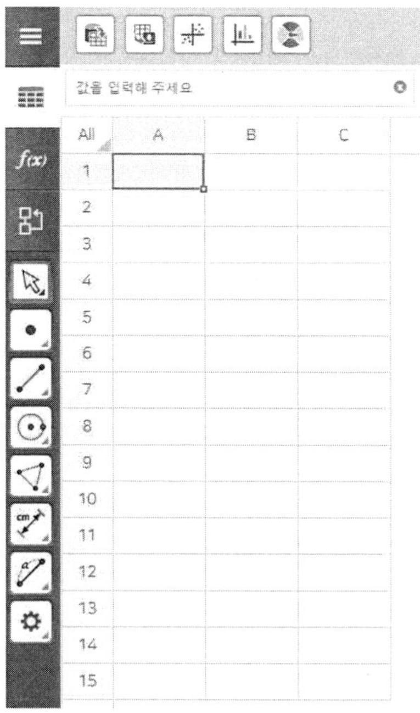

[그림 IV-252]

[그림 Ⅳ-253]

표도구는 기존에 우리가 알고 있는 엑셀과 동일하다고 볼 수 있다. 차이가 있다면 맨 위의 아이콘 중 마지막 아이콘이다. 이는 확률실험을 하는 아이콘으로 누르면 [그림 Ⅳ-254]처럼 나타난다. 상자에서 무작위로 공을 뽑을 통계적 확률을 확인할 수 있도록 되어있다. 그리고 **공뽑기** 옆 **회전판**을 누르면 [그림 Ⅳ-255]와 같이 실험해볼 수 있는 창이 뜬다. 둘 다 실험을 시행하면 자동으로 표에 데이터가 나타난다.

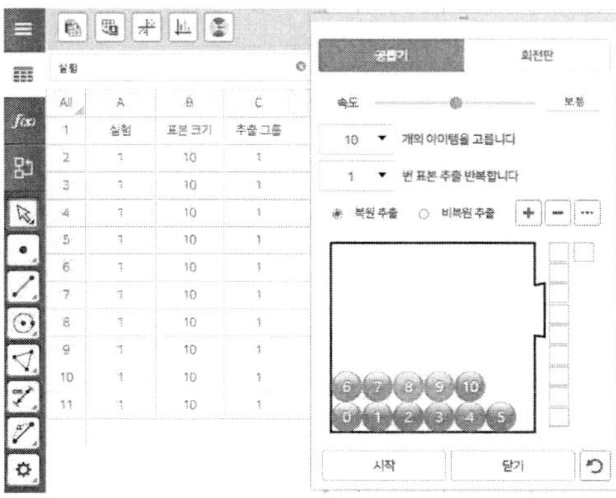

[그림 Ⅳ-254]

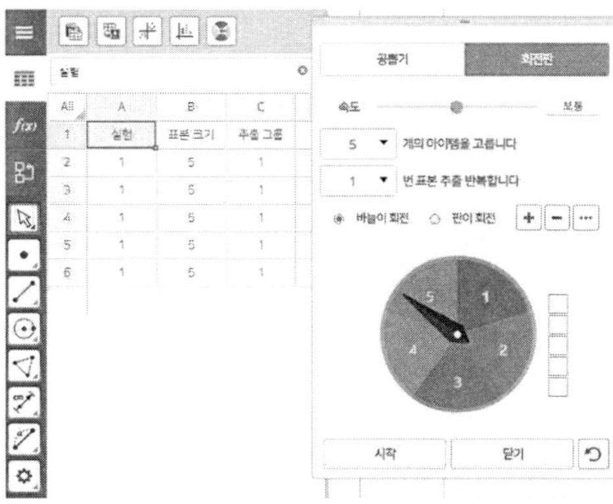

[그림 Ⅳ-255]

대수창은 이전에 제시했던 GSP나 Geogebra와 같은 형태이다. 하지만, 이전에 언급했던 프로그램과 눈에 띄는 한 가지 차이점만 살펴보자. 기존의 그래프를 그릴 수 있는 프로그램들은 변수를 따로 지정해서 스크롤바로 만들어서 살펴보도록 되어있지만, 알지오매스에서는 독립변수와 종속변수 외의 변수는 따로 그리지 않아도 스크롤바가 만들어진다. 예를 들면, 1차 함수 $y = ax + b$의 그래프를 그리고 싶다면 기존의 소프트웨어들은 a, b에 변수의 범위를 지정하여 따로 스크롤바를 만들었다면, 알지오매스는 [그림 IV-256]처럼 입력을 하면 바로 [그림 IV-257]처럼 나타난다. 여기서 왼쪽 창에 있는 스크롤바를 움직여도 되고 좌표평면상의 스크롤바를 움직여도 된다. 그리고 변수의 크기나 변화량을 조정하고 싶다면 왼쪽 창에서 변수가 있는 창에 세 개의 가로줄이 되어있는 부분을 클릭하면 [그림 IV-258]과 같이 나타나서 수정할 수 있다. 다른 방법으로는 좌표평면상의 스크롤바를 클릭해도 [그림 IV-259]처럼 [그림 IV-258]과 같이 나타나서 수정할 수 있게 되어있다.

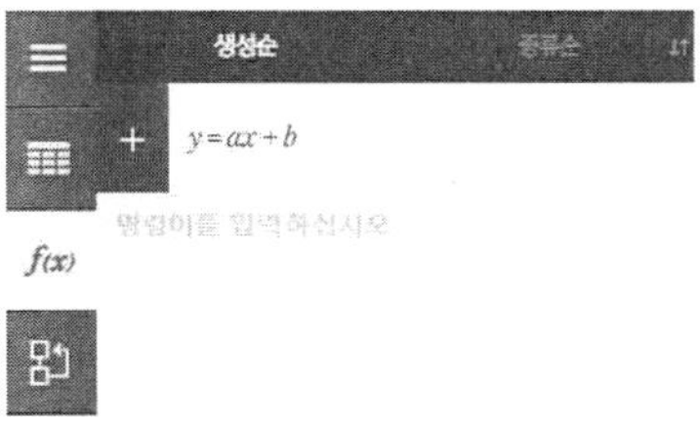

[그림 IV-256]

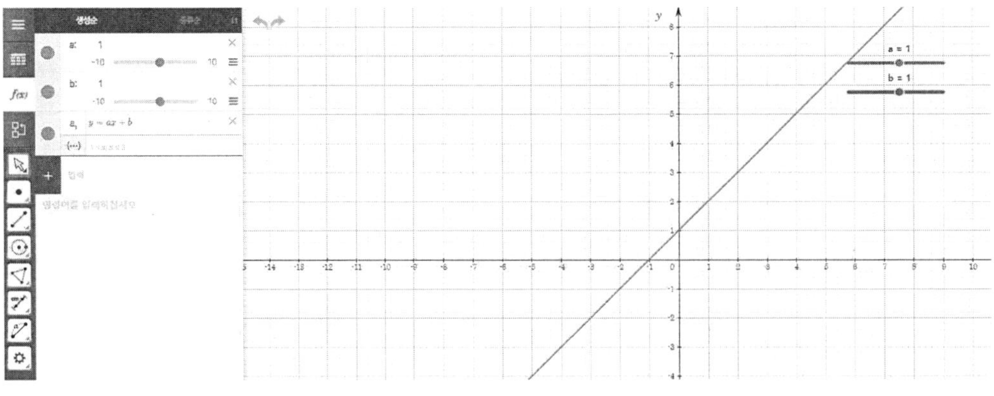

[그림 IV-257]

[그림 Ⅳ-258]

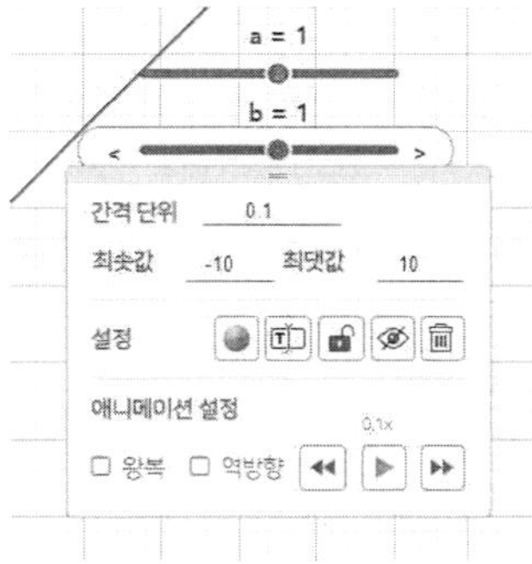

[그림 Ⅳ-259]

마지막으로 알지오매스의 중요한 장점 중의 하나인 **블록코딩 도구**를 살펴보자. 먼저, 블록코딩은 코딩을 하기 위해 명령어 블록을 사용한 것이다. **코딩**(coding)은 코드(code, 컴퓨터 언어)를 나열해 프로그램을 만드는 것을 의미하며, 넓은 의미로 프로그래밍(programming)과 같은 개념으로 사용된다(김원준, 김은아, 오세경, 2019). 컴퓨터 프로그래밍이란 수식이나 작업을 컴퓨터에 알맞도록 정리해서 순서를 정하고 컴퓨터가 이해할 수 있는 명령 코드로 고쳐 쓰는 작업을 총칭한 것으로, 명령 코드를 쓰는 작업 자체를 코딩이라고 한다. 따라서 코드란 기호의 체계로 볼 수 있으며 코딩이란 주어진 명령어를 특정한 컴퓨터 프로그래밍 언어를 활용하여 입력하는 것을 의미한다(이서빈, 고상숙, 2018). 4차 산업혁명이라 불리는 변화로 인해 컴퓨팅 사고력(Computational Thinking: CT)이 모든 사람에게 필요한 소양으로 새롭게 거론되고 있다. 우리나라 2015 교육과정은 CT를 '컴퓨팅 사고력'이라고 번역하면서 곧 코딩교육을 의미하는 것으로 보았고(교육부, 2015a), 2014년 초중등학교에서의 코딩교육 적용을 공표하고, '소프트웨어 중심 사회를 위한 인재양성 추진 계획'을 중점으로 한 소프트웨어 의무방안을 발표하였다(교육부, 미래창조과학부, 2015b).

알지오매스의 블록코딩은 이전에 언급했던 LOGO에서 더 나아간 프로그램이라고 할 수 있다. LOGO에서는 거북이가 나와 있는 상태에서 시작하지만 알지오매스에서는 거북이가 나타나도록 설정해서 시작한다. 즉, 알지오매스에서는 거북기하 외에도 다양하게 사용할 수 있다. 블록코딩 도구를 살펴보자. 앞에서 [그림 Ⅳ-253]에서 살펴본 것처럼, 구성, 동작, 제어, 이벤트, 연산, 텍스트, 측정, 변수, 모양, 함수 등 다양한 카테고리로 구성되어있다. [그림 IV-260]는 구성을 클릭하면 나타나는 블록으로 구성된 명령어들이다. 블록코딩 도구를 사용할 때, 오른쪽에 좌표평면을 써도 되고, 좌표평면상([그림 IV-261])의 오른쪽 아이콘 중 가장 위의 환경설정을 하는 아이콘을 누르면 [그림 IV-262]와 같이 나타난다. 여기서 그리드 보기 설정을 끄고 맨 아래의 확인을 클릭하면, [그림 IV-263]처럼 좌표평면이 사라진다. 그 외에도 다양한 환경설정을 여기서 할 수 있다.

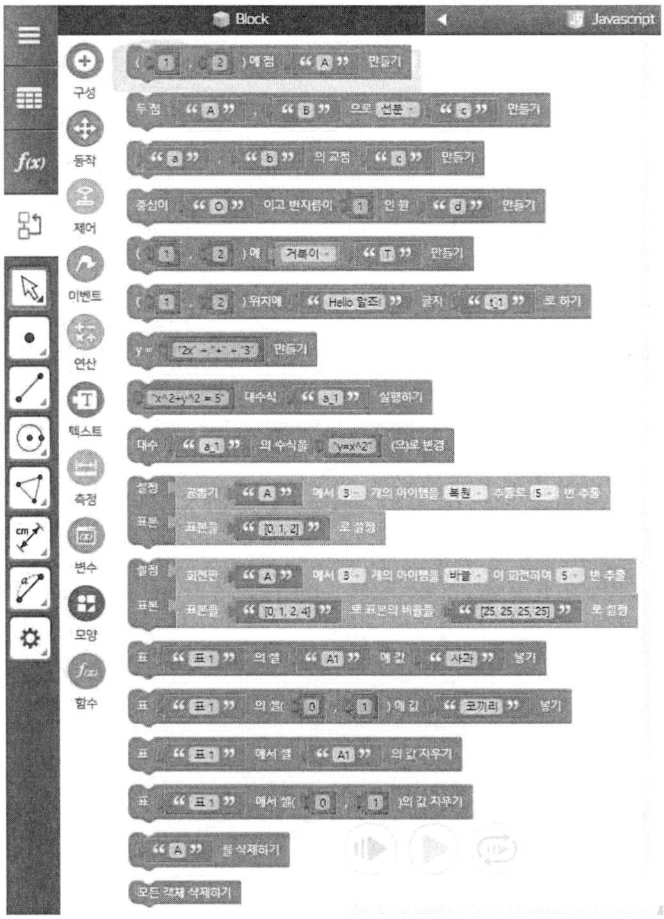

[그림 IV-260]

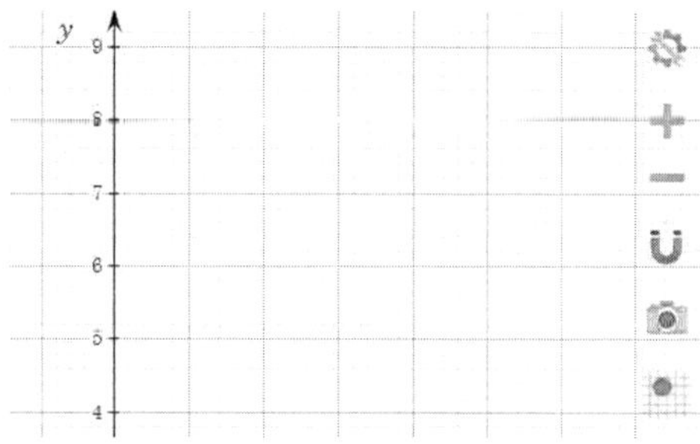

[그림 IV-261]

[그림 IV-262]

[그림 IV-263]

블록코딩 도구를 이용하여 아주 간단한 거북기하를 나타내어보자. 거북이에게 정사각형을 그리게 하는 코딩을 해보자. 먼저 거북이가 나타나도록 설정한다. [그림 IV-260]에서 다섯 번째의 명령어 블록  을 클릭해서 (1, 2)에 거북이를 그린다. 원래 좌표평면상의 좌표를 기준으로 하기 때문에 순서쌍을 기준으로 나타낸다. 하지만 우리는 좌표평면이 없는 상태로 하기 때문에, 실행하면 오른쪽 화면에 거북이만 나타나게 된다. 여기서 블록 명령어의 네모 안에 들어있는 것들은 모두 수정가능하다. 즉, 순서쌍, 거북이, T가 다른 것으로 수정가능하다. 특히, 거북이는 알쥐, 알봇, 알새, 알드론 등으로 교환가능하고, 이는 다양한 아이콘으로 나타난다.

[그림 IV-264]

이제 거북이를 움직여보자. 왼쪽 카테고리 중 **동작**을 클릭하면 [그림 IV-265]와 같이 나타난다. 여기에는 거북이를 움직이게 할 수 있는 명령어들이 들어있다. 세 번째 블록 명령어  를 클릭해서 이전의 블록 명령어 다음에 가져다 놓고 실행하면 [그림 IV-266]처럼 된다. 움직인 거리가 너무 짧으니 마지막 명령어에서 이동하는 크기를 1이 아니라 5로 수정하여 실행하면, [그림 IV-267]처럼 나타난다.

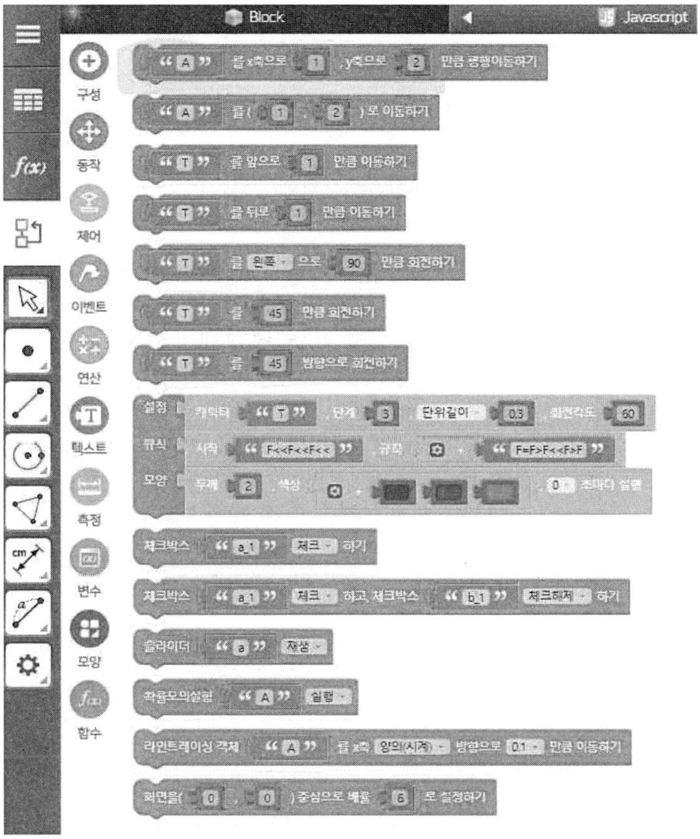

[그림 Ⅳ-265]

[그림 Ⅳ-266]

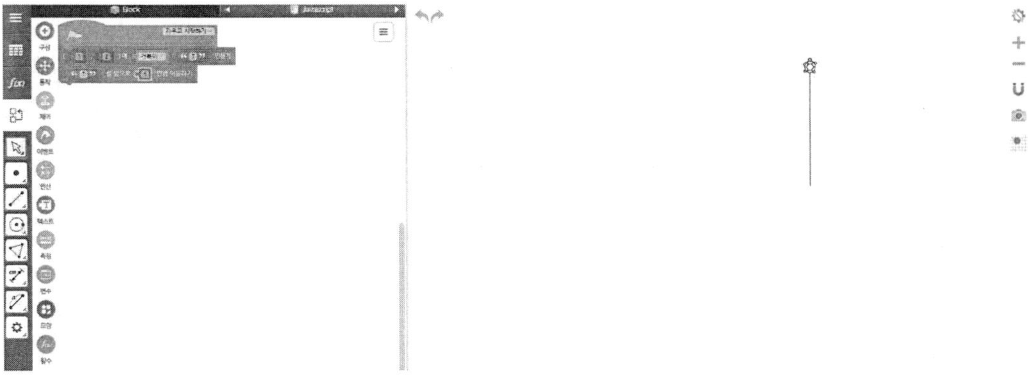

[그림 IV-267]

이제 정사각형의 한 내각의 크기인 90도로 거북이를 회전시킨다. 그러기 위해서는 [그림 IV-265]의 **동작**에 다섯 번째 명령어인 

를 이용한다. 여기서 왼쪽이나 오른쪽으로 설정할 수 있고, 각도도 수정가능하다. 이를 실행하면 [그림 IV-268]과 같이 거북이가 왼쪽으로 회전하게 된다. 여기서부터는 앞에서 했던 가기와 돌기를 반복하면 정사각형이 완성된다.

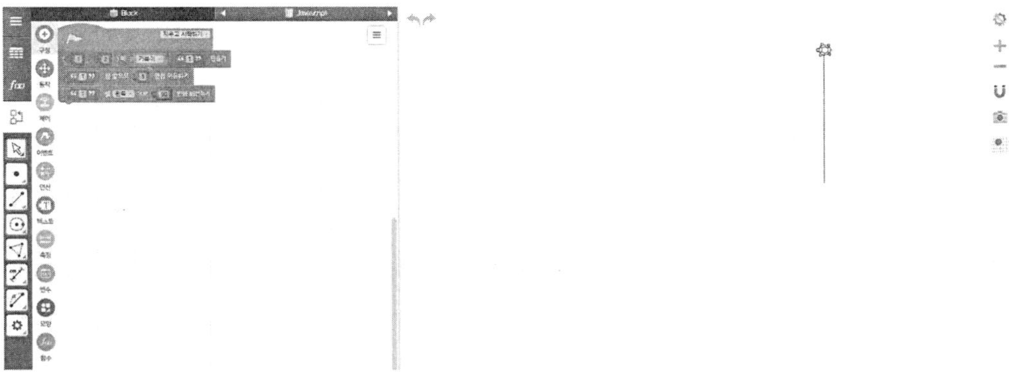

[그림 IV-268]

[그림 Ⅳ-269]

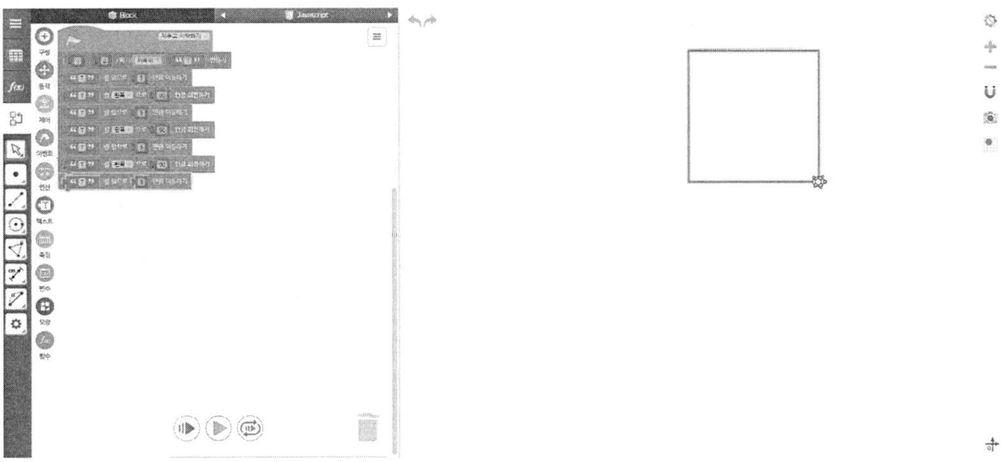

[그림 Ⅳ-270]

이때 반복하는 두 가지 방법이 있다. 단순히 블록 명령어를 마우스 오른쪽 버튼을 클릭하여 **복제**([그림 IV-269])를 반복한 후 실행하면 [그림 IV-270]처럼 나타난다. 하지만 명령어를 간단히 사용하여 실행할 수도 있다. **제어**([그림 IV-271])에서 첫 번째 블록 명령어를 클릭한다. 그러면 [그림 IV-272]와 같이 나타난다. 그다음, 반복하고 싶은 블록 명령어 앞에 가져다 놓는다([그림 IV-273]). 그리고 반복하고 싶은 블록 명령어를 오목한 부분에 가져다 놓고, 반복하고자 하는 횟수를 입력한다. 여기서는 정사각형을 그리는 것이니 4회 반복한다. 그러면 [그림 IV-274]의 왼쪽창처럼 완성이 되고, 실행하면 [그림 IV-270]과 같은 정사각형이 나타난다. 그러나 [그림 IV-270]과 [그림 IV-274]는 거북이의 바라보는 위치의 차이가 있다. 이는 거북이의 방향을 두 번째 코딩에서는 한 번 더 90도를 회전했기 때문이다. 이렇게 같은 그림도 다양한 방법으로 코딩을 할 수가 있다. 그리고 정사각형 외에도 다양한 도형을 그릴 수 있다. 여기서, [그림 IV-270]에서 [그림 IV-274]로 사용한 블록 명령어의 개수를 줄이는 것을 추상화라고 볼 수 있다.

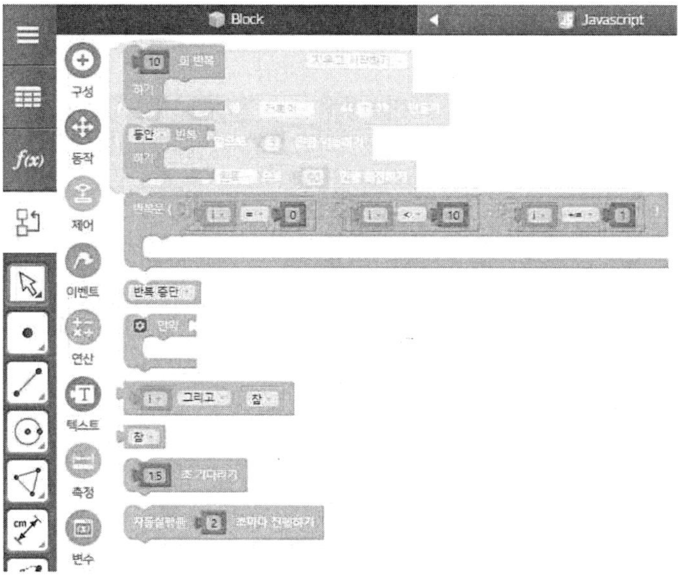

[그림 IV-271]

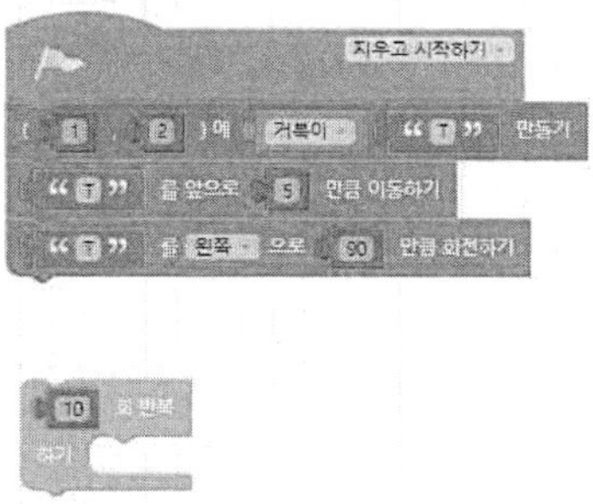

[그림 IV-272]

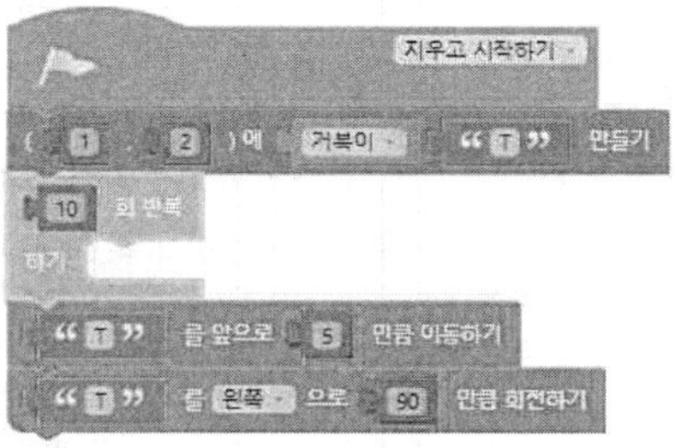

[그림 IV-273]

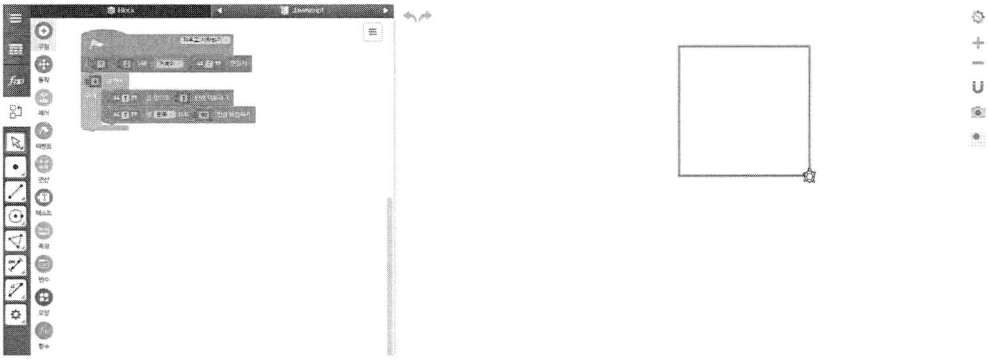

[그림 Ⅳ-274]

(2) 알지오 3D

이제 알지오 3D를 살펴보자. 홈페이지 [그림 IV-249]에서 **알지오 3D**를 클릭하면, [그림 IV-275]가 나타난다. 기존의 Geogebra나 GSP 3D와 유사한 면도 있지만 차이점도 존재한다. 쌓기나무와 입체도형, 전개도 등을 간단히 나타낼 수 있다. [그림 IV-275]에서 왼쪽 아이콘 중 네 번째인 쌓기나무 모양을 클릭하면 가로, 세로, 높이가 1인 쌓기나무가 등장하고 이를 여러 번 클릭하여, [그림 IV-276]처럼 만들 수 있다. 좌표평면을 클릭하여 드래그하면, [그림 IV-277]과 [그림 IV-278]처럼 다양한 각도에서 살펴볼 수 있다.

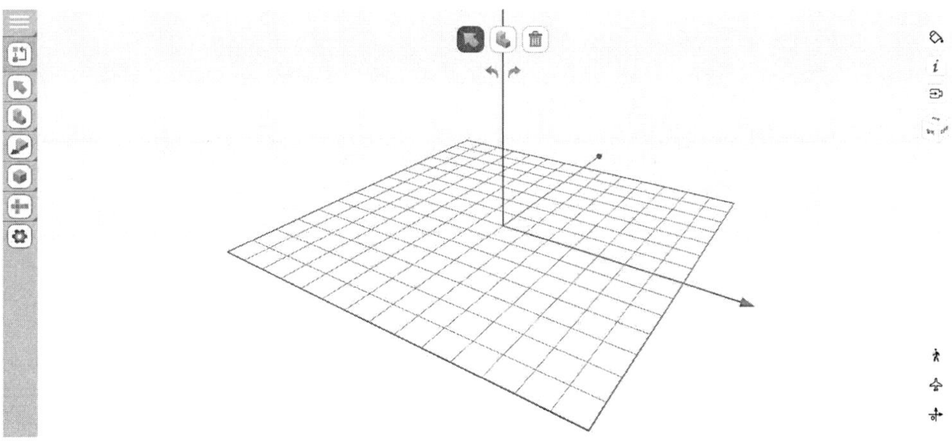

[그림 Ⅳ-275]

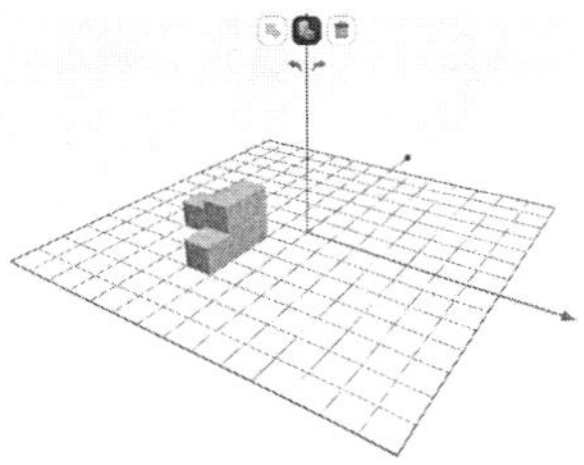

[그림 IV-276]

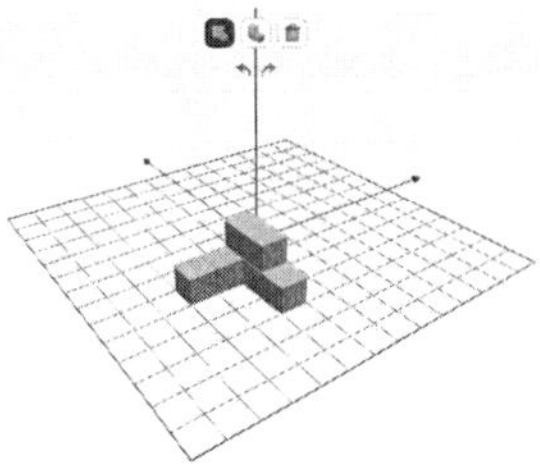

[그림 IV-277]

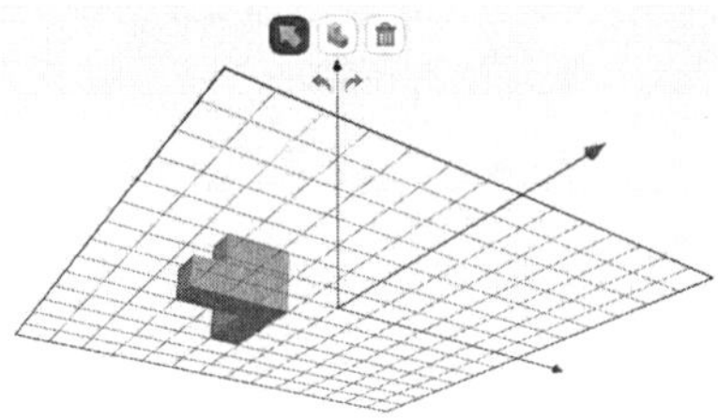

[그림 IV-278]

[그림 IV-275]의 화면 왼쪽 아이콘 중 정육면체에 마우스를 가져다 대면 그릴 수 있는 입체도형이 나타난다([그림 IV-279]). **각기둥**을 클릭하면, [그림 IV-280]과 같은 창이 나타난다. 여기서, 점의 개수는 3개부터 입력할 수 있는데 이는 각기둥의 밑면의 꼭짓점을 말한다. 3을 넣으면 삼각기둥이 되고, 4를 넣으면 사각기둥이 된다. 입력 후, 좌표평면의 원하는 위치에 클릭만 하면 자동으로 만들어져서 나타난다([그림 IV-281]). **각뿔**도 같은 원리로 그릴 수 있다. **원기둥, 원뿔, 구**는 선택한 후 화면에 클릭만 하면 자동으로 생성된다([그림 IV-282]).

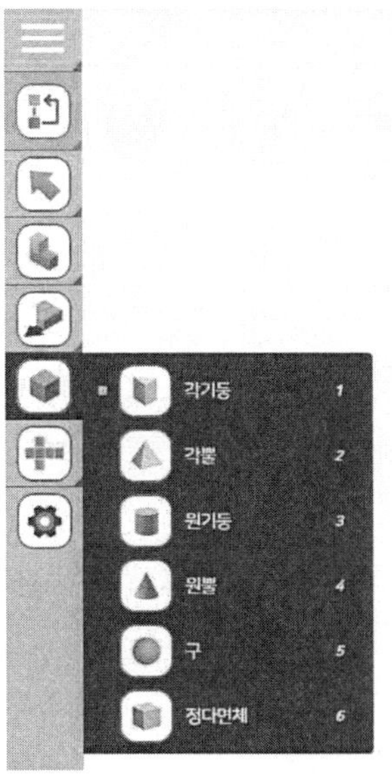

[그림 IV-279]

[그림 IV-280]

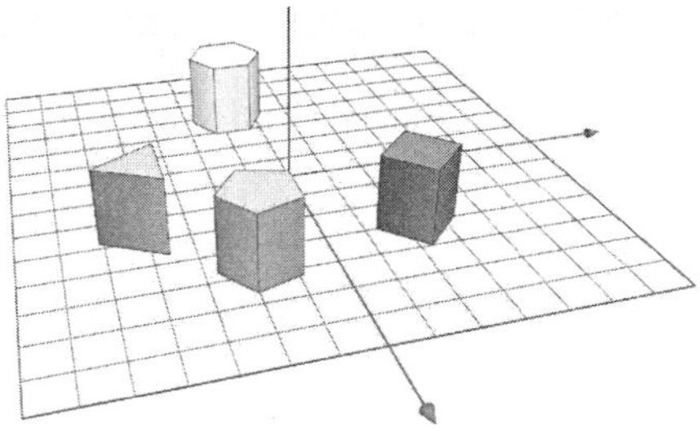

[그림 Ⅳ-281]

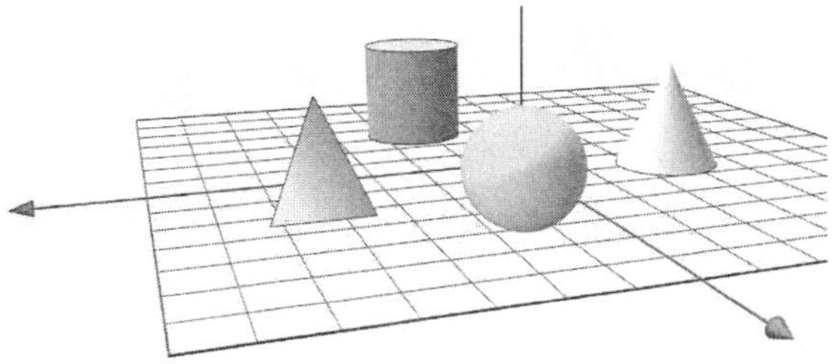

[그림 Ⅳ-282]

마지막 **정다면체**는 클릭하면 [그림 Ⅳ-283]과 같은 창이 하나 뜬다. 여기서 정다면체를 하나 클릭하면 창이 사라지고, 3차원 공간에 클릭하면 그 정다면체가 생긴다. [그림 Ⅳ-284]는 정십이면체와 정이십면체를 그린 그림이다. 이 역시 좌표평면을 클릭하여 드래그하면, 다양한 각도에서 살펴볼 수 있다.

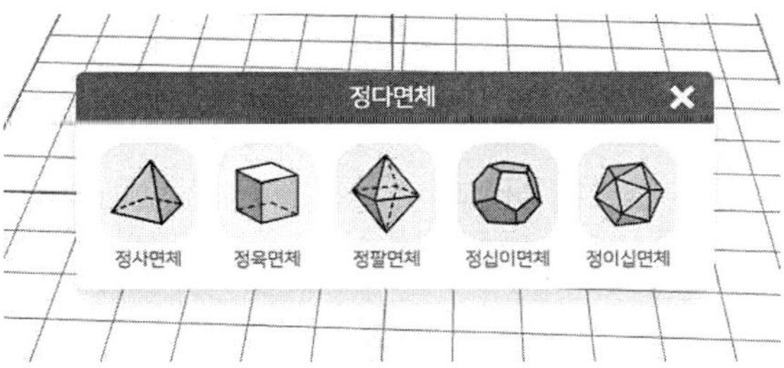

[그림 Ⅳ-283]

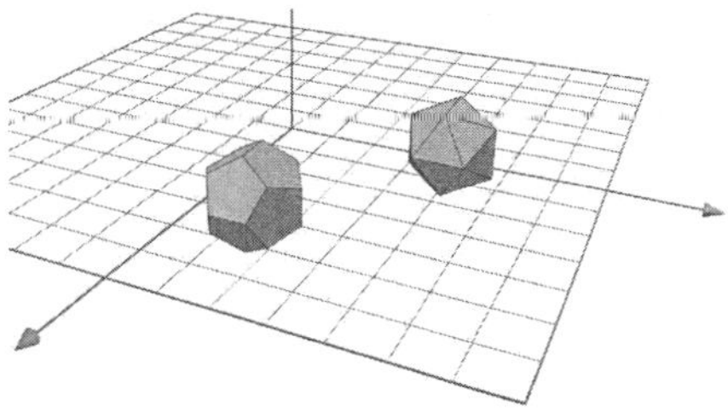

[그림 Ⅳ-284]

전개도는 크게 두 가지로 나누어 볼 수 있다. 기존의 전개도를 이용하여 접거나 펼쳐볼 수 있고, 직접 전개도를 그려서 접어볼 수도 있다. 먼저 기존의 전개도를 이용하는 방법은 [그림 Ⅳ-285]에서 **전개도**를 택하면 [그림 Ⅳ-286]처럼 다섯 개의 정다면체의 전개도가 여러 개 나타난다. 여기서 하나만 클릭하면, [그림 Ⅳ-287]과 같은 안내문이 뜬다. 그리고 화면을 클릭해서 선분을 하나 그리면, 그 길이를 한 변으로 한 전개도가 뜬다([그림 Ⅳ-288]). 그다음에 [그림 Ⅳ-285]에서 **접기**를 클릭하면, [그림 Ⅳ-289]와 같은 안내문이 뜬다. 그러면 밑면이 될 부분을 클릭하고 나서, 그 외의 면들을 밑면 쪽으로 클릭해서 끌어당기면 된다. 그러면, [그림 Ⅳ-290]처럼 정다면체를 완성시킬 수 있다.

[그림 IV-285]

[그림 IV-286]

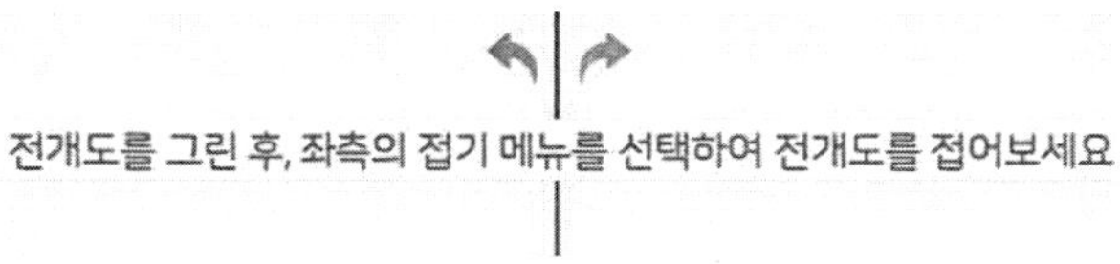

[그림 IV-287]

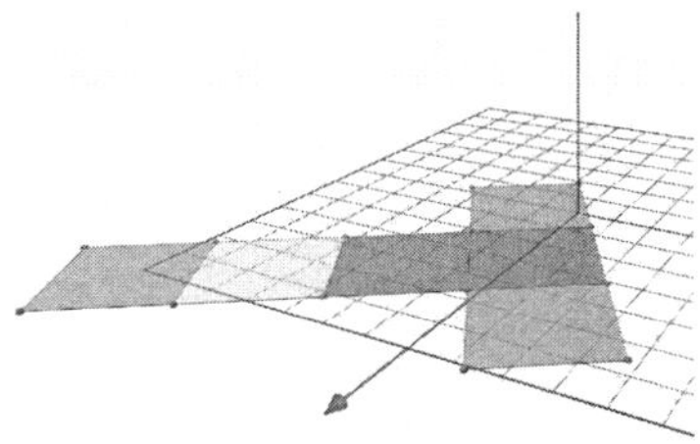

[그림 IV-288]

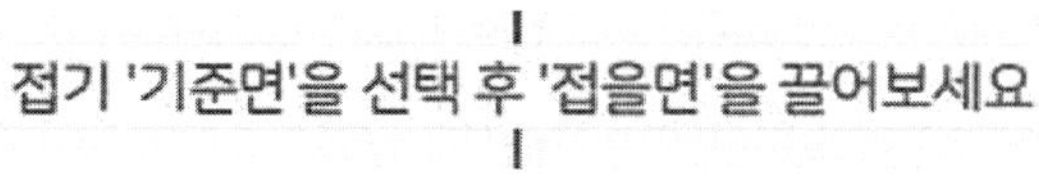

[그림 IV-289]

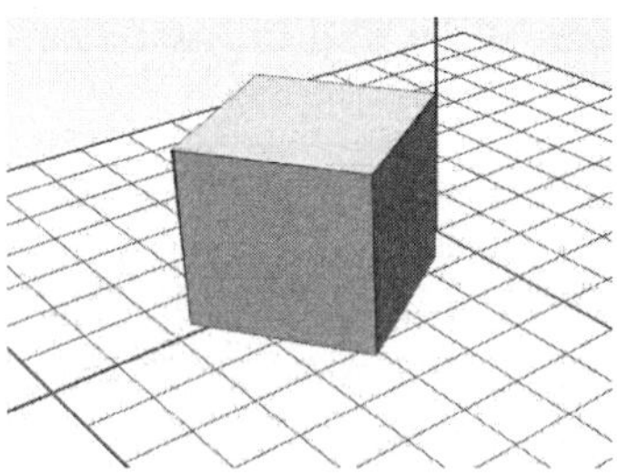

[그림 IV-290]

직접 그리는 방법은 [그림 IV-285]에서 **다각형**이나 **정다각형**을 선택한다. 우리는 정육면체를 만들 것이니 **정다각형**을 선택해보자. [그림 IV-280]처럼 [그림 IV-291]이 나타난다. 정다각형을 정삼각형으로 만든다면 꼭짓점의 개수인 3을 입력하고, 정육면체를 만들려면 정사각형의 꼭짓점의 개수인 4를 입력하면 된다. 그러고 나서, 3차원 공간에 클릭하고 드래그하면, [그림 IV-292]와 같이 정사각형이 나타난다. 자신이 원하는 정사각형의 크기가 되면 다시 클릭하여 정사각형을 완성한다. 그다음에 나타난 4개의 점 중 한 점을 클릭하면 정사각형이 나타나는데, 시계 방향으로 변이 겹치도록 해서 만나는 점에 클릭하면 된다([그림 IV-293]).

[그림 IV−291]

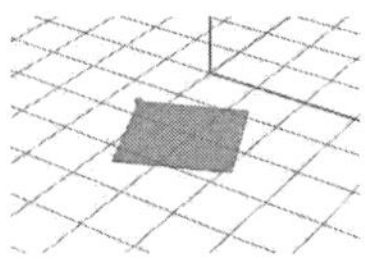
[그림 IV−292]

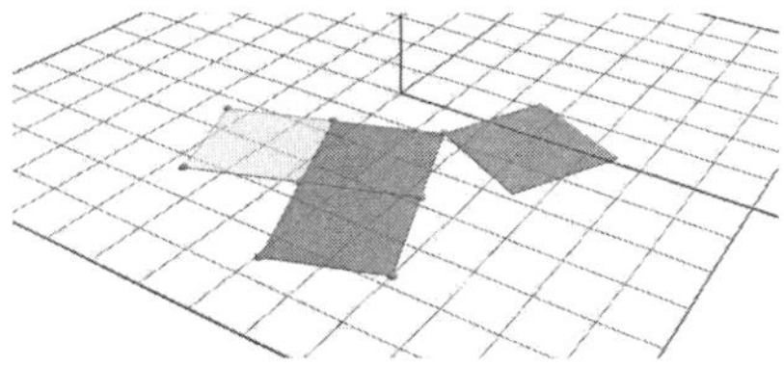
[그림 IV−293]

이렇게 반복해서 다 그리고 나면, [그림 IV-285]에서 **접기**를 클릭한다. 그림 이전의 [그림 IV-289]와 마찬가지로 기준면을 선택하고, 접을 면들을 클릭하여 드래그하면 [그림 IV-294]와 같이 접어진다. 완성하면 [그림 IV-295]처럼 된다.

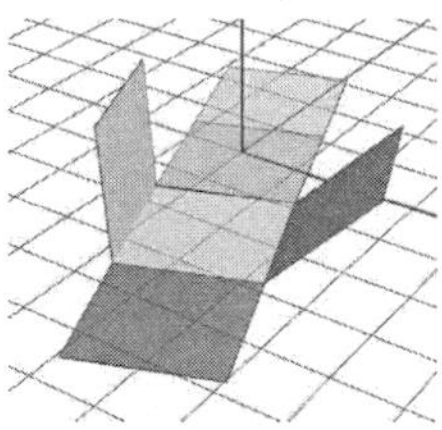
[그림 IV−294]

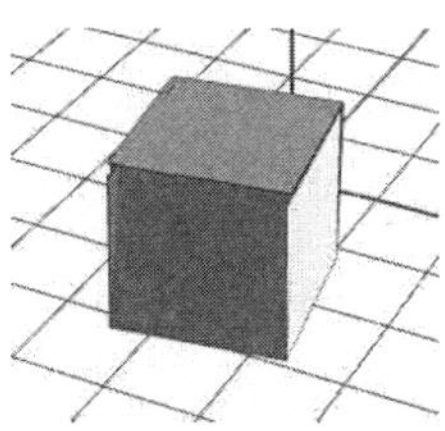
[그림 IV−295]

그 외에도 다양한 활동을 할 수 있다. 이전에 살펴본 것처럼 블록코딩 도구를 이용하여 3차원 공간에서도 코딩을 할 수 있다([그림 IV-296]). 2차원에서 한 것처럼 동일하게 거북이를 등장시켜서 정사각형을 그려보자.

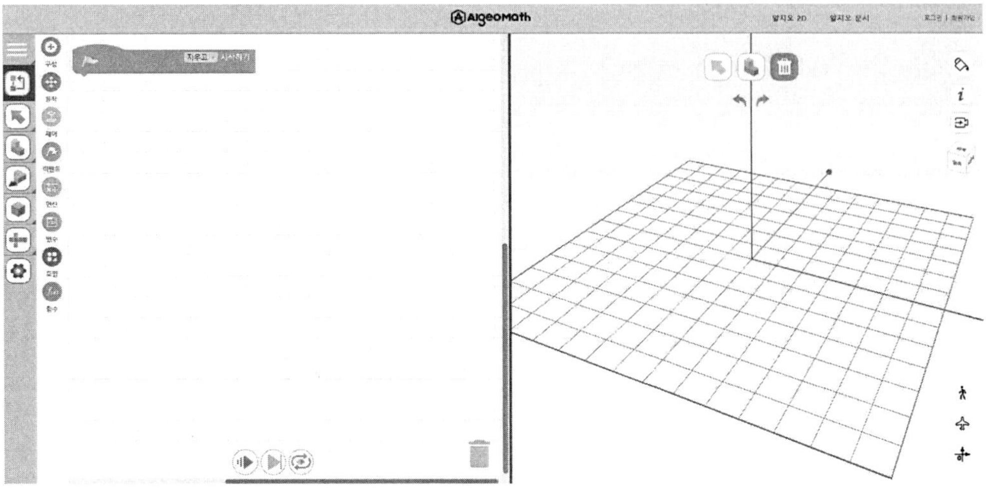

[그림 IV-296]

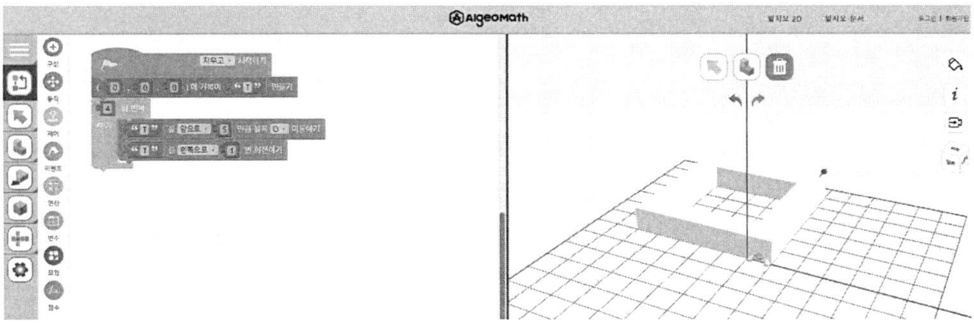

[그림 IV-297]

3차원에서는 움직이는 흔적을 선으로 그리지 않고, 블록을 사용한다. 그래서 [그림 IV-297]처럼 지나간 곳에 블록이 그려져 있다. 블록이 보기 불편하면 블록코딩

중에 블록 다음 O를 X로 수정하기만 하면 된다. 그렇게 해서 실행하면 [그림 IV-298]처럼 처음 있던 자리에 거북이가 움직이지 않은 것처럼 있을 것이다. 실제로 어떻게 움직였는지 살펴보려면 왼쪽 창 아래에 가운데 있는 실행버튼 대신 오른쪽 단계별 실행버튼을 누르면 된다. 그러면 반복하게 만든 프로그램에서 1회 실행할 때마다 어디에 있는지를 보여준다.

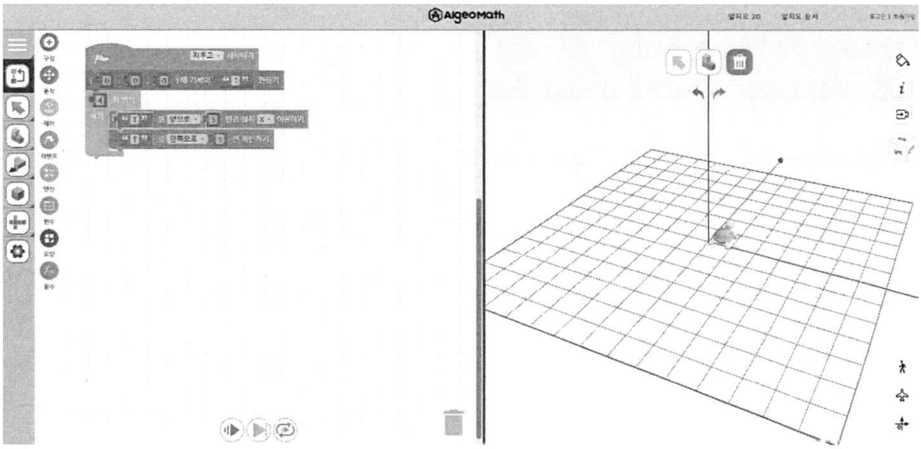

[그림 IV-298]

3차원이므로 블록코딩에서 방향을 왼쪽, 오른쪽뿐만 아니라 위, 아래로도 이동할 수 있다. [그림 IV-298]에서 블록 “T” 를 앞으로 5 만큼 블록 0 이동하기 의 방향을 위로 수정하고, “T” 를 아래로 1 번 회전하기 로 수정하면, [그림 IV-299]와 같이 그릴 수도 있다. 이렇게 거북이의 움직인 흔적을 이용해서 3차원 공간상에서도 다양한 도형을 만들어 볼 수 있다.

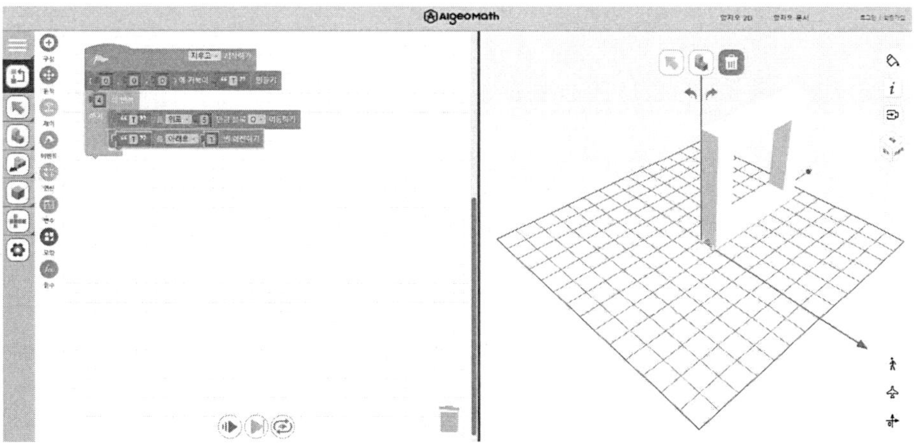

[그림 IV-299]

참고문헌

교육부(2015a). **개정 정보 교육과정**. 별책10 실과(기술가정) 정보과 교육과정(제 2015-74호)

교육부, 미래창조과학부(2015.07.21b). **소프트웨어 중심사회를 위한 인재양성 추진 계획 발표**. 교육부 보도자료. https://www.moe.go.kr /boardCnts/view.do?boardID=294&boardSeq=60077&lev=0&searchType=null&statusYN=W&page=98&s=moe&m=0503&opType=N에서 2018년 10월 3일 인출.

교육인적자원부(2000). **수학과 고등학교 제7차 교육과정**. 교육인적자원부 고시 제 1997-15호 [별책 4]. 서울: 대한교과서주식회사

권성룡, 김남균, 류성림, 박성선(2009). **테크놀로지와 함께 하는 수학교육**. 서울: 경문사.

김남희, 나귀수, 박경미, 이경화, 정영옥(2017). **예비교사와 현직교사를 위한 수학교육 과정과 교재연구**. 서울: 경문사.

김남희, 박경미(2008). **수학교육에서의 컴퓨터 활용**. 서울: 경문사.

김용균(1999). **엑셀을 이용한 통계학습 자료 개발**. 한국교원대학교 대학원 석사학위논문.

김원준, 김은아, 오세경(2019). 유아코딩교육에 대한 유아교사의 인식 분석. **열린유아교육연구, 24**(2), 307~337.

김인경(2005). Computer Algebra System Calculator를 사용한 평가 방안. **청람수학교육 18,** 141~162.

김인경(2008). **대수학습에서 CAS 계산기를 활용한 메타인지 활동이 수학학습부진아의 수학학업성취도에 미치는 영향**. 한국교원대학교 대학원 박사학위논문.

김진호, 김인경(2010). **피보나치 수열과 황금비**. 서울: 교우사.

김현주(2004). Excel을 이용한 대수 교육. **청람수학교육 14,** 49~95.

나일주(1999). **웹기반 교육**. 서울: 교육과학사.

남선주, 남문희(2005). CAS가 중등 수학교육과정에 미치는 영향. **청람수학교육 18,** 59~84.

류희찬(2004a). 수학교육에서 탐구형 소프트웨어의 활용과 의미. **청람수학교육 14,** 1~15.

류희찬(2004b). 작도 문제 해결을 위한 분석 도구로서의 GSP. **청람수학교육 14,** 17~25.

류희찬(2005). CAS를 이용한 대수교육의 의미과 방법. **청람수학교육 18,** 1~12

박만구(2015). 수와 연산. 대한수학교육학회 2015 연보, **수학교육에서 공학적 도구**. 고상숙, 고호경, 구나영, 김남희, 김리나, 김향숙, 김화경, 류희찬, 박만구, 손홍찬, 송민호, 윤인준, 이경화, 이상구, 이종학, 이중권, 임해미, 장경윤, 전영국, 조정수, 채정림, 최경식, 한세호 저. 서울: 경문사.

박종수(2004). Fathom을 이용한 확률 및 통계 수업. **청람수학교육 14,** 213~263.

손홍찬(2004). Excel을 이용한 미적분 지도. **청람수학교육 14,** 97~138.

손홍찬(2015). 스프레드시트를 활용한 수학적 모델링. 대한수학교육학회 2015 연보, **수학교육에서 공학적 도구**. 고상숙, 고호경, 구나영, 김남희, 김리나, 김향숙, 김화경, 류희찬, 박만구, 손홍찬, 송민호, 윤인준, 이경화, 이상구, 이종학, 이중권, 임해미, 장경윤, 전영국, 조정수, 채정림, 최경식, 한세호 저. 서울: 경문사.

신동선, 류희찬(1999). **수학교육과 컴퓨터**. 서울: 경문사

우정호(2011). **수학 학습-지도원리와 방법**. 서울: 서울대학교 출판문화원.

이경화(1996). **확률 개념의 교수학적 변환에 관한 연구**. 서울대학교 대학원 박사학위논문.

이서빈, 고상숙(2018). 파이썬을 활용한 수학교과 코딩수업(DM^3)의 효과. **수학교육학연구, 28**(4), 479~499.

이종영(1999). **컴퓨터 환경에서의 수학 교수-학습 방법에 관한 교수학적 분석**. 서울대학교 대학원 박사학위논문.

이중권(2015). 수학교육에서 테크놀로지의 역사. 대한수학교육학회 2015 연보, **수학교**

육에서 공학적 도구. 고상숙, 고호경, 구나영, 김남희, 김리나, 김향숙, 김화경, 류희찬, 박만구, 손홍찬, 송민호, 윤인준, 이경화, 이상구, 이종학, 이중권, 임해미, 장경윤, 전영국, 조정수, 채정림, 최경식, 한세호 저. 서울: 경문사.

장경윤(1997). 스프레드쉬트를 이용한 수학교육 활동. **청람수학교육 6**. 143~158.

장경윤(2015). 수학교육과 테크놀로지: 연구의 추세와 쟁점. 대한수학교육학회 2015 연보, **수학교육에서 공학적 도구**. 고상숙, 고호경, 구나영, 김남희, 김리나, 김향숙, 김화경, 류희찬, 박만구, 손홍찬, 송민호, 윤인준, 이경화, 이상구, 이종학, 이중권, 임해미, 장경윤, 전영국, 조정수, 채정림, 최경식, 한세호 저. 서울: 경문사.

정부자(1999). **중학교 통계를 중심으로 한 웹사이트 개발 및 적용에 관한 연구**. 한국교원대학교 대학원 석사학위논문.

정영옥(1997). **Freudenthal의 수학화 학습-지도론 연구**. 서울대학교 대학원 박사학위논문.

조정수(2015). 공학적 도구 활용에서 통합적 관점. 대한수학교육학회 2015 연보, **수학교육에서 공학적 도구**. 고상숙, 고호경, 구나영, 김남희, 김리나, 김향숙, 김화경, 류희찬, 박만구, 손홍찬, 송민호, 윤인준, 이경화, 이상구, 이종학, 이중권, 임해미, 장경윤, 전영국, 조정수, 채정림, 최경식, 한세호 저. 서울: 경문사.

최경수(2005). 중등 수학 교수-학습에서 CAS의 활용. **청람수학교육 18**, 85~116.

홍예윤(2012). **그래핑 계산기를 활용한 비주얼 수학교육**. 서울: 경문사.

황혜정, 나귀수, 최승현, 박경미, 임재훈, 서동엽(2016). **수학교육학신론**. 서울: 문음사.

Boers-van Oosterum, M. A.(1990). *Understanding of Variables and Their Uses Acquired by Students in Traditional and Computer-Intensive Algebra.* Doctoral Dissertation, University of Maryland, College Park.

Borba, M. C. & Villarreal, M. E.(2005). *Humans-with-Media and the Reorganization of Mathematical Thinking: Information and Communication Technologies, Modeling, Experimentation and Visualization*. USA: Springer Science+ Business Media, Inc.

Browning, C. A.(1989). *Characterizing Levels of Understanding of Functions and their Graphs.* Doctoral Dissertation, Ohio State University.

Buchberger, B.(1990). Should students learn integration rules? *Sigsam Bulletin, 24*(1), 10~17.

Burton, L. & Jaworski, B.(1995). *Technology in Mathematics Teaching : a bridge between teaching and learning*. Chartwell-Bratt. Sweden.

Cedillo, T. & Kieran, C.(2003). Initiating students into algebra with symbol-manipulating calculators. In Fey, J., Cuoco, A., Kieran, C., McMullin, L., & Zbiek, R.(Ed.). *Computer Algebra Systems in Secondary School Mathematics Education*. Chapter 13. Reston, VA : the National Council of Teachers of Mathematics.

Cuoco, A.(2003). Classical mathematics in the age of CAS. In Fey. J. T., Cuoco, A., Kleran, C., McMullin, L., & Zbiek, R. (Ed.). *Computer Algebra Systems in Secondary School Mathematics Education.* chapter 6. Reston, VA.: National Council of Teachers of Mathematics.

Dick, T. P., Dion, G. S., & Wright, C. L.(2003). Case Study: Advanced Placement Calculus in the Age of the Computer Algebra System. *Mathematics Teacher, 96*(8).

Drijvers, P.(2003). Algebra on Screen, on Paper, and in the Mind. In Fey. J. T., Cuoco, A., Kleran, C., McMullin, L., & Zbiek, R. M(Ed.). *Computer Algebra Systems in Secondary School Mathematics Education*, chapter 14. Reston, VA.: National Council of Teachers of Mathematics.

Dunham, P. H.(1993). Does Using Calculators Work? The Jury is Almost In. *UME Trends, 5*(2), 8~9.

Dunham, P. H. & Dick, T. P.(1994). Research on Graphing Calculators. *Mathematics Teacher, 87*(6), p. 440~445.

Edwards, M. (2003). Calculator-based Computer Algebra Systems: Tools for meaningful algebraic understanding. In Fey, J., Cuoco, A., Kieran, C., McMullin, L., & Zbiek, R.(Ed.). *Computer Algebra Systems in Secondary School Mathematics Education*. Chapter 7. Reston, VA : the National Council of Teachers of Mathematics.

Freudenthal, H.(1991). *Revisiting Mathematics Education.* Dordrecht, The Netherlands: Kluwer Academic Publishers.

Garry, T.(2003). Computing, Conjecturing, and Confirming. In Fey, J., Cuoco, A., Kieran, C., McMullin, L., & Zbiek, R.(Ed.). *Computer Algebra Systems in Secondary School Mathematics Education.* chapter 8, Reston, VA : the National Council of Teachers of Mathematics.

Gray, E. & Tall, D. (1994). Duality, ambiguity, and flexibility: a 'Proceptual' view of simple arithmetic. *Journal for Research in Mathematics Education, 25*(2), 116~140

Heid, M. K.(1984). *An Exploratory Study to Examine the Effects of Resequencing Skills and Concepts in an Applied Calculus Curriculum Through the Use of the Microcomputer*. Doctoral Dissertation, University of Maryland College Park, Dissertation Abstracts International, 46, 1548A.

Heid, M. K.(1995) *Algebra in Technological World. Curriculum and Evaluation Standards for School Mathematics Addenda Series, Grades 9-12*. M. Kathleen Heid, with Jonathan Choate, Charlene Sheets, Rose Mary Zbiek ; consultants, Harold L. Schoen, Daniel Teague. Reston, Va. : National Council of Teachers of Mathematics.

Heugl, H.(2001). The Necessary Fundamental Algebraic Competence in the Age of Computer Algebra Systems. *The Austrian Center for Didactics of Computer Algebra (ACDCA) Summer Academy. 5th*, Gosing an der Mariazellerbahn, Austria, August 1999. https://eric.ed.gov/contentdelivery/servlet/ERICServlet?accno=ED45 9060 .

Kutzler, B. (2003). 3. CAS as pedagogical tools for teaching and learning. In Fey, J., Cuoco, A., Kieran, C., McMullin, L., & Zbiek, R.(Ed.). *Computer Algebra Systems in Secondary School Mathematics Education*. Chapter 3. Reston, VA : the National Council of Teachers of Mathematics.

Laughbaum, E. D.(1998). Testing Students with Hand-held Technology. Contribution on *Third Asian Technology Conference in Mathematics.* Tsukuba, Japan, 24~28 Aug, 1998.

NCTM(1989). *Curriculum and Evaluation Standards for School Mathematics*. Reston, Virginia. The National Council of Teachers of Mathematics, INC.

NCTM(1991). *Professional Standards for Teaching Mathematics*. Reston. VA.

NCTM(2000). *Principles and Standards for School Mathematics*. Reston. VA.

Quesada, A. R.(1996). On the Impact of the First Generation of Graphing Calculators on the Mathematics Curriculum at the Secondary Level. presented for *Topic Group 18 Roles of Calculators in the Classroom at the Eighth International Congress of Mathematics Education*. Seville, Spain.

Schultz, J. (2003). 10. To CAS or Not to CAS? In Fey, J., Cuoco, A., Kieran, C., McMullin, L., & Zbiek, R.(Ed.). *Computer Algebra Systems in Secondary School Mathematics Education*. Chapter 10. Reston, VA : the National Council of Teachers of Mathematics.

Sfard, A. (1991). On the dual nature of mathematical conception: Reflections on process and objects as different sides of the same coin. *Educational Studies in Mathematics, 22*. 1~36.

I·N·D·E·X 찾아보기

■ 저자 약력 ■

김 인 경

청주대학교 수학교육과 교수

수학교육공학 (개정판)

개정판 발행 2023년 8월 22일

지은이 김인경
펴낸이 오판근
펴낸곳 (주) 교우
주　소 서울시 동대문구 약령시로 8 교우빌딩 2층 (주)교우
전　화 02-925-2861 / **팩　스** 02-925-2860, **편집부** 02-925-2825
홈페이지&북스토어 www.kyowoo.co.kr / **이메일** kyowoo@kyowoo.co.kr

등　록 1994년 3월 24일 제1994-000013호
ISBN 979-11-251-0273-1 (93410)

Published by Kyowoo Co., Ltd. Printed in Korea

값 15,000원

교우미디어는 (주) 교우의 Imprint 사입니다.
수학정원·과학정원은 (주) 교우의 새로운 브랜드명입니다.

잘못된 책은 구입하신 서점에서 교환해 드립니다.